信息技术与应用实验教程

谢志英　主编

北京航空航天大学出版社

内容简介

本书作为《信息技术与应用》的配套实验教程,具有极高的实用价值。本书共七章,涵盖信息技术基础、计算机基础知识、操作系统、网络技术、多媒体技术、计算思维与程序设计以及实用软件等丰富内容。本书主要通过三十二个精心设计的实验展开,其中包含五个计算机基本环境搭建实验,助力读者掌握计算机基础环境的搭建技巧;九个计算机组网与应用实验,带领读者深入探索网络技术的奥秘;八个多媒体技术实验,让读者在实践中领略多媒体的魅力;四个程序实验,开启读者计算思维与程序设计的大门;还有六个 Office 办公软件应用实验,提升读者的办公软件实操能力。

本书可作为普通高等学校、高职高专院校的信息基础课程和计算机基础课程的实验教材,也可作为零基础读者自学计算机基础知识的参考书,为读者在信息技术领域的学习与实践提供有力支撑。

图书在版编目(CIP)数据

信息技术与应用实验教程 / 谢志英主编. −− 北京 :
北京航空航天大学出版社,2025.5.
ISBN 978 − 7 − 5124 − 4570 − 3

Ⅰ. TP3
中国国家版本馆 CIP 数据核字第 20253WY659 号

信息技术与应用实验教程

谢志英　主编

策划编辑　刘　扬　　责任编辑　刘　扬　孙玉杰

＊

北京航空航天大学出版社出版发行

北京市海淀区学院路 37 号(邮编 100191)　http://www.buaapress.com.cn
发行部电话:(010)82317024　传真:(010)82328026
读者信箱:qdpress@buaacm.com.cn　邮购电话:(010)82316936
涿州市新华印刷有限公司印装　各地书店经销

＊

开本:710×1 000　1/16　印张:14.75　字数:314 千字
2025 年 5 月第 1 版　2025 年 5 月第 1 次印刷
ISBN 978 − 7 − 5124 − 4570 − 3　定价:69.00 元

编审人员

主　审　李雄伟

审　定　陈开颜

主　编　谢志英

副主编　谢方方　李　婷

编　委　王寅龙　李　艳　李　玺　张　英

校　对　谢方方

前　　言

　　《信息技术与应用实验教程》是与《信息技术与应用》配套的实验指导书，主要以案例为牵引、以问题为导向，介绍与课程相关的实验。本书主要由三十二个实验构成，包括五个计算机基本环境搭建实验、九个计算机组网与应用实验、八个多媒体技术实验、四个程序实验及六个 Office 办公软件应用实验。

　　本书旨在探索信息技术与应用课程实验教学的建设路径，其主要设计理念包括以下三点：

　　① 从应用角度通过多媒体、Office 办公软件的实践性实验，直观形象地实现理论到实际应用的平滑过渡。通过目标内容抠取、数字视频合成、论文排版等实验，培养读者处理图像、剪辑音视频以及处理复杂文档的能力。

　　② 从系统层面加强读者对计算机软硬件协调工作和计算机网络构建等的理解，培养其计算机基本环境搭建能力、组网与应用能力。通过微型计算机系统拆装、操作系统安装与备份、操作系统安全与维护等实验，实现理论与思维的"落地"。

　　③ 增加拓展实验，注重对计算思维的培养。通过贪吃蛇游戏、猜数游戏等实验，激发读者的学习兴趣与探究精神。

　　本书可以为读者开展计算机实践操作提供指导，促进信息技术与应用课程的实验教学。

编　者

2024 年 8 月

目　　录

第1章　信息技术基础

实验一　探秘数字与文字编码

【实验目的】

① 能够进行二、八和十六进制的数制转换。
② 了解西文字符编码规则。
③ 了解汉字编码规则。

【实验内容】

① 不同进制之间的转换。
② ASCII 码编码规则。
③ 汉字编码规则。

【实验材料与工具】

① 一台计算机。
② UltraEdit 软件。
③ 查区位码软件。

【实验步骤】

1. 进制到 ASCII 码的转换

下面有 3 段二进制数据,每段隐藏了一句英文俚语,通过进制转换和查找 ASCII 码表(区分大小写),找到这 3 句英文俚语。

第 1 段:1000111　1101001　1110110　1100101　100000　1101001　1110100　
　　　　100000　1111001　1101111　1110101　1110010　100000　1100010　
　　　　1100101 1110011　1110100　100000　1110011　1101000　1101111　
　　　　1110100　101110。

第 2 段:1000110　1101001　1100111　1101000　1110100　100000　1110100　
　　　　1101111　1101111　1110100　1101000　100000　1100001　1101110　
　　　　1100100　100000　1101110　1100001　1101001　1101100　101110。

第 3 段：1000111　1101111　100000　1110100　1101000　1100101　100000

　　　　　1100101　1111000　1110100　1110010　1100001　100000　1101101

　　　　　1101001　1101100　1100101　101110。

要求如下：

① 将第 1 段二进制数据转换为八进制数据，再转换为十进制数据，之后对照 ASCII 码表查找。

② 将第 2 段二进制数据转换为十进制数据，再对照 ASCII 码表查找。

③ 将第 3 段二进制数据转换为十六进制数据，再转换为十进制数据，之后对照 ASCII 码表查找。

2. 汉字编码规则

通过自己的姓名验证汉字编码规则。要求如下：

① 打开"查区位码.exe"，输入自己的姓名，记录得到的区位码。

② 打开 UltraEdit 软件，在中文状态下输入自己的姓名，切换软件的显示模式为"十六进制编辑模式"，记录下此时得到的机内码。

③ 根据区位码、国标码、机内码的编码规则，验证所记录姓名数据。

3. 汉字到进制的转换

将下面 3 句出自《论语》的句子按照汉字编码规则和进制转换规则进行转换。

第 1 句：君子求诸己，小人求诸人。

第 2 句：三人行，必有我师焉。择其善者而从之，其不善者而改之。

第 3 句：一箪食，一瓢饮，在陋巷，人不堪其忧，回也不改其乐。

要求如下：

① 查询第 1 句话的区位码，并将它转换为十六进制数据。

② 计算第 2 句话的国标码，并将它转换为八进制数据。

③ 计算第 3 句话的机内码，并将它转换为二进制数据。

【思考问题】

① 人类采用的进制有哪些（可以按从古至今的顺序，也可以从不同用途的角度出发）？

② 计算机为什么采用二进制？

【拓展实验】

用"查区位码.exe"查一查父亲或母亲姓名的区位码。

【扩展阅读】

英文中数字和字母有限，用一个字节就可以完全表示，比如 ASCII 编码。中文里汉字多,至少需要用两个字节表示才能涵盖常用汉字,因此,引入了 GB2312 编码。之后又扩展了 GBK 编码,它能表示几万个汉字。考虑到港澳台同胞采用繁体字,制定了 BIG5 标准,用两个字节表示一个汉字。

为了使编码能够在世界范围内通用,制定了 Unicode 标准,统一了编码标准。Unicode 编码为每种语言中的每个字符设定了统一且唯一的二进制编码,以满足跨语言、跨平台进行文本转换和处理的要求。由于 Unicode 编码不限制用多少个字节表示汉字,因此当汉字与英文一起存储时,可能会浪费空间。在 Unicode 编码的基础上,发展出 UTF－8、UTF－16、UTF－16LE、UTF－16BE、UTF－32 等编码规则。UTF－8 是一种变长编码方式,使用 1～4 个字节来表示一个字符。它对 ASCII 字符集(即英语字符)使用一个字节,对其他字符使用 2～4 个字节。UTF－8 的优点是与 ASCII 兼容,且对于英文文本来说非常节省空间。UTF－16 也是变长编码,使用 2 个字节或 4 个字节来表示一个字符。它将字符分为基本多语言平面(BMP)和辅助平面,BMP 的字符使用 2 个字节,辅助平面的字符使用 4 个字节。UTF－16 的优点是对于常用字符集(如中文、日文、韩文等)来说,通常只需要 2 个字节,比 UTF－8 更节省空间。UTF－16LE 和 UTF－16BE 这两个编码方式都是 UTF－16 的变体,区别在于字节序(Byte Order)。UTF－16LE 表示"Little Endian",即低位字节在前,高位字节在后。UTF－16BE 表示"Big Endian",即高位字节在前,低位字节在后。字节序对于跨平台数据交换非常重要,因为不同的计算机架构可能使用不同的字节序。UTF－32 使用固定长度的 4 个字节来表示每个字符,无论字符属于哪个平面。它的优点是简单、易处理,因为每个字符都是固定长度的;缺点是空间效率较低,尤其是对于 ASCII 字符。

第2章 计算机基础知识

实验二 组装计算机

【实验目的】

① 认识构成微型计算机的各个基本硬件部件及各种接口类型。
② 掌握微型计算机的安装过程。

【实验内容】

① 了解计算机各硬件部件的结构和在机箱中的位置。
② 重新组装计算机的硬件部件。

【实验材料与工具】

① 装机配件:CPU、CPU 散热器、内存条、主板、显卡、硬盘、光驱、电源、机箱。
② 十字形螺丝刀。

【实验步骤】

1. 安装 CPU 和散热器

把主板(不同型号的主板大同小异)平放到桌面上,找到一个方形的布满均匀圆形小孔的插槽的位置,即 CPU 插槽(以 64 位 Intel LGA775 接口插槽为例),在 CPU 的一角有一个三角形的角标,相应地,主板 CPU 插槽上也有一个三角形的标识,如图 2-1 所示。三角形标识确定了 CPU 的安装方向。

图 2-1 CPU 安装方向

① 在 CPU 插槽的边上有一个拉杆,用手把拉杆拉起,使它与插槽成 90°。

② 把 CPU 按正确方向放进插槽,使每个接脚插到相应的孔里,注意要放到底。

③ 放入 CPU 后,把拉杆按下至水平方向锁紧 CPU。

④ 在 CPU 表面均匀地涂抹散热硅脂,涂抹的时候要用类似于硬纸卡片的工具将硅脂十分均匀地涂抹在 CPU 上,保证散热均匀,不能将硅脂涂抹到 CPU 表面以外的地方,以防短路等现象的发生(若散热器底部已涂有硅脂,则此步骤可省略)。

⑤ 将散热器的四角对准主板相应的位置,然后用力压下四角扣具。由于有些散热器采用螺丝设计,因此安装时需要在主板背面相应位置安放螺丝。

⑥ 将散热器风扇的电源线插头插到主板的供电接口上。找到主板上安装风扇的接口(主板上的标识字符为 CPU_FAN),将风扇插头插放即可。

2. 安装内存条

主板上的内存插槽一般都采用两种不同的颜色来区分双通道与单通道,双通道内存插槽如图 2-2 所示。由于双通道的内存设计可提高系统的整体性能,因此使用较多。将两条规格相同的内存条插入相同颜色的插槽中,即打开了双通道功能。

当安装内存条时,先用手将内存插槽两端的扣具打开。DDR 内存插槽中间有一个用于定位的凸起部分,内存条插脚上也有一个形状相匹配的缺口,若这两个部位能够对齐,则说明内存条插入的方向正确。找准方向后,将内存条平行放入内存插槽中,用两拇指按住内存条两端轻微向下压,听到"啪"的一声响后,即说明内存条安装到位。

3. 安装主板

将 CPU、散热器和内存条安装到主板上之后,需要将主板固定到机箱中。目前,由于大部分主板板型为 ATX 或 MATX 结构,因此机箱的设计一般都符合这种标准。在安装主板之前,先将机箱提供的主板垫脚螺母安放到机箱主板托架的对应位置。双手平行托住主板,将主板放入机箱中。将主板上的 I/O 接口区对准机箱背面的 I/O 接口孔,如图 2-3 所示。前后左右稍微调整主板位置,拧紧螺丝,固定好主板。拧入螺丝的顺序:一般可先安装对角的螺丝,不必拧紧,调整好主板位置,在螺丝全部被拧入后,再依次拧紧。拧紧后可以用手搬动主板,检查是否已经将主板固定好了。

图 2-2　双通道内存插槽　　　　　　图 2-3　主板 I/O 接口区

4. 安装硬盘、光驱和电源

机箱内有专用的托架，可用来安装硬盘和光驱（M.2 接口的固态硬盘除外）。注意，光驱要从机箱外部安装，而硬盘要从机箱内部安装。硬盘的安装与光驱、电源的安装类似，步骤如下：用手托住硬盘，将有标签的一面向上，无接口的一端对准机箱内硬盘托架的入口处，平行将它放入，如图 2-4 所示。放入时注意从托架侧面的固定螺丝孔观察，使硬盘的螺丝孔与硬盘托架的固定螺丝孔对齐。把螺丝拧入硬盘两侧的螺丝孔，先不要上紧，适当调整硬盘位置，再拧紧螺丝。

当安装 M.2 接口的固态硬盘时，首先在主板上找到 M.2 插槽，小心握住 M.2接口固态硬盘的左右两侧，将产品连接器与插槽槽口对齐，然后以 20°角插入 M.2 插槽，如图 2-5 所示。

图 2-4　硬盘入托架

图 2-5　M.2 接口固态硬盘安装

5. 安装显卡

目前，独立显卡接口以 PCI-E 为主。当安装显卡时，用手轻握显卡两端，垂直对准主板上的显卡插槽，向下轻压到位，将它插入主板上的 PCI-E 显卡插槽中，如图 2-6 所示。之后，用螺丝从机箱外固定，即可完成显卡安装。

图 2-6　显卡安装

6. 连接机箱内的各种连线

（1）连接主板电源线

目前大部分主板采用了 24PIN 的供电电源设计。把电源的 24 芯插头插入主板的电源插座。连接时，将插头有卡子的一面对准主板电源插座有卡子的一面，用力下压到位。

（2）连接主板上的数据线

主板上的数据线包括硬盘数据线和光驱数据线。

硬盘分为机械硬盘和固态硬盘两种，其中机械硬盘的接口类型有 SATA 接口和 IDE 接口，固态硬盘的接口类型有 SATA 接口和 M.2 接口。SATA 接口和 IDE 接口是数据排线，有防呆设计，将硬盘的相应接口线插入主板对应位置即可。M.2 接口的固态硬盘采用金手指，虽然也有防呆缺口设计，但要求主板上有相应的 M.2 插槽。

光驱数据线连接方法与硬盘数据线连接方法相同，只是要把数据排线插到主板上对应插座上。

（3）连接光驱、硬盘和显卡的电源线

SATA、IDE 接口的硬盘和光驱需要接入供电电源才能工作。由于性能较好的独立显卡通常需要独立供电，因此也需要接入供电电源。把供电电源提供的电源线插头分别插到光驱、硬盘和显卡的对应位置即可。由于这些插头都具有防呆设计，只有方向正确才能插入，因此不用担心插错或插反。

（4）连接主板信号线和控制线

主板信号线和控制线包括电源开关线、电源指示灯线、复位按钮线、硬盘指示灯线、PC 扬声器线、USB 信号线等。

机箱提供的 USB 信号线插头上分别标有＋5 V、－D（表示 Data－）、＋D（表示 Data＋）、G（表示 GND），将它们分别插到主板 USB 信号插座对应的插针上。

机箱提供的控制信号线通常包括 PC 扬声器线、电源开关线、复位按钮线、硬盘指示灯线和电源指示灯线。在主板上找到与以上控制信号线对应的插座（通常它们被集中安排在主板的边沿处，并标有相应的名称），把信号线插头分别插到对应的插针上。注意，PC 扬声器线、电源开关线和复位按钮线没有正负极之分；硬盘指示灯线和电源指示灯线则要区分正负极，通常浅色线为负极、深色线为正极。

为了能在播放音乐时听到声音，需要将机箱的前置音频线与主板相连。找到主板上音频针脚的位置，插入前置音频连接线即可。

以上步骤完成后，主机部分就算安装完成了。这时需要仔细检查各部件的安装是否牢靠，有无漏接的信号线和电源线。可用橡皮筋或者透明胶将主板内的各种电源线、数据线、信号线分别打结并整理好，使得机箱内看上去比较"清爽"，这样也可保证机箱内主板的散热效果。至此，主机内部的所有零配件都已安装完毕。最后将机

箱立起来,盖上机箱两侧的盖板,拧好机箱侧面板的螺丝即可。

7. 连接显示器、键盘和鼠标

目前,显示器的接口标准有 DVI、HDMI、DP、VGA 等,如图 2-7 所示。其中大部分显示器的视频接口为 HDMI,将 HDMI 线的两端分别插到主机和显示器的 HD-MI 接口上,之后连接好显示器电源线即可。

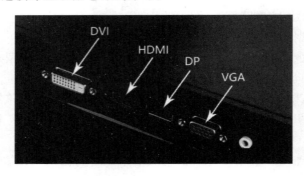

图 2-7　显示器接口

鼠标和键盘分有线、无线两种:有线鼠标和键盘多采用 USB 接口;无线鼠标和键盘多配备 USB 接口的无线接收器接收信号,部分通过蓝牙方式实现信号收发。USB接口的鼠标和键盘直接连接主机的 USB 接口,蓝牙方式的鼠标和键盘与主机的蓝牙设备匹配后即可使用(有些主机不具有蓝牙功能)。

8. 开机测试

按下机箱电源键打开主机,如果显示器屏幕能够正常显示,并且主机扬声器发出短促的"嘀"的一声则说明计算机硬件安装正常。至此,整台计算机就安装并测试好了。关机后将机箱和各种外部设备摆放整齐,并将一些工具、材料等进行整理,结束所有安装工作。

【思考问题】

① 当主板、内存与 CPU 搭配时,应注意哪些问题?
② 当显卡与主板搭配时,应注意哪些问题?
③ 计算机的散热系统由哪些部分构成?

【拓展实验】

找几款不同用途的计算机(如家用、商务办公用、玩游戏用、游戏制作用等),以图表方式对比各硬件部件的性能优劣。

【扩展阅读】

摩尔定律于 20 世纪 60 年代被提出。在 2011 年前,计算机元器件的小型化是提升处理性能的主要因素;在 2011 年后,摩尔定律开始放缓,制硅工艺的改进不再提供显著的性能提升。

在后摩尔定律时代,单靠制程工艺的提升带来的性能受益已经十分有限,登纳德缩放定律失效,芯片功耗急剧上升,晶体管成本不降反升;单核的性能已经趋近极限,多核架构的性能提升亦在放缓。AIoT 时代(人工智能物联网时代)的来临,使下游算力需求呈现多样化及碎片化,通用处理器难以应对。

1. 新兴技术对 CPU 发展的影响

(1) 顶层优化日渐重要

新的底层优化路径被提出,例如 3D 堆叠、量子计算、光子学、超导电路、石墨烯芯片等,虽然技术目前仍处于起步阶段,但后续有望突破现有想象空间。根据 *Science* 上发布的文章,在后摩尔定律时代,算力提升将更大程度上来源于计算堆栈的顶层,即软件、算法和硬件架构。为了覆盖更多应用,通用指令集往往需要支持上千条指令,导致流水线前端设计(取指、译码、分支预测等)变得十分复杂,对性能、功耗产生负面影响。使用领域专用指令集可大大减少指令数量,并且能够增大操作粒度、融合访存优化,实现性能功耗比的数量级提高。

(2) 从通用向专用发展

1972 年,戈登·贝尔(Gordon Bell)提出,每隔十年,会出现新一类计算机(新编程平台、新网络连接、新用户接口、新使用方式且更廉价),形成新的产业。1987 年,日立公司原总工程师牧村次夫(TsugioMakimoto)提出,半导体产品未来可能将沿着"标准化"与"定制化"交替发展的路线前进,大约每十年波动一次。在经历了桌面 PC、互联网时代和移动互联网时代后,"万物智联"已成为新的风向标,AIoT 正掀起世界信息产业革命的第三次浪潮。而 AIoT 最明显的特征是需求碎片化,现有的通用处理器设计方法难以有效应对定制化需求。

CPU 是最通用的处理器引擎,指令最为基础,具有最好的灵活性。由于 GPU 本质上是很多小 CPU 核的并行,因此 NP、Graphcore 的 IPU 等都是和 GPU 处于同一层次的处理器类型。从架构上来说,FPGA 可以用来实现定制的 ASIC 引擎。因为其硬件可编程的能力,可以切换到其他 ASIC 引擎,所以它具有一定的弹性可编程能力。DSA 是接近于 ASIC 的设计,具有一定程度的可编程性。虽然它覆盖的领域和场景比 ASIC 要大,但依然存在太多的领域需要特定的 DSA 去覆盖。ASIC 是完全不可编程的定制处理引擎,理论上具有最复杂的"指令"以及最高的性能效率。由于它覆盖的场景非常小,因此需要数量众多的 ASIC 处理引擎才能覆盖各类场景。

(3) 异构与集成

2022 年,英特尔、AMD、ARM、高通、台积电、三星、日月光、Google 云、Meta、微软十大行业巨头联合成立了 Chiplet 标准联盟,正式推出了通用 Chiplet 的高速互联标准"Universal Chiplet Interconnect Express"(通用小芯片互联,简称"UCIe")。在 UCIe 的框架下,互联接口标准得到统一。各类不同工艺、不同功能的 Chiplet 芯片,有望通过 2D、2.5D、3D 等各种封装方式整合在一起,多种形态的处理引擎共同组成超大规模的复杂芯片系统,具有高带宽、低延迟、经济节能的优点。

2. 新的技术和业务对 CPU 发展的推动

(1) 边缘服务器是解决 AIoT 时代"算力荒"的必备产物

伴随人工智能、5G、物联网等技术的逐渐成熟,算力需求从数据中心不断延伸至边缘,以产生更快的网络服务响应,满足行业在实时业务、应用智能、安全与隐私保护等方面的基本需求。区别于数据中心服务器,边缘服务器配置并不一味追求最高计算性能、最大存储容量、最大扩展卡数量等参数,而是在有限空间里面尽量提供配置灵活性。当前边缘服务器多用于工业制造等领域,需根据具体环境(高压、低温、极端天气)等选择主板、处理器等,下游需求呈现碎片化,未有统一的标准。

伴随越来越多的计算、存储需求被下放至边缘端,当前趋势通常涉及更紧密的加速集成,以满足包括 AI 算力在内的多种需求。超大规模云提供商正在研究分类体系结构,为了减少熟悉的多租户方法不可避免的碎片化,其中计算、存储、网络和内存成为一组可组合的结构,机柜式架构(RSA)分别部署了 CPU、GPU、硬件加速器、RAM、存储和网络设备。

(2) 云服务器正在全球范围内取代传统服务器

云服务器的发展使中国成为全球服务器大国。随着移动终端、云计算等新一代信息技术的发展和应用,企业和政府正陆续将业务从传统数据中心向云数据中心迁移。虽然目前中国云计算领域市场相对落后于美国,但近年来我国的云计算发展速度显著高于全球云计算市场增长速度,预计未来仍将保持这一趋势。一般小型网站请求处理数据较少,多采用 1、2 核 CPU;地方门户、小型行业网站需要 4 核以上的 CPU;而电商平台、影视类网站等则需要 16 核以上的 CPU。此外,云服务器亦提供灵活的扩容、升级等服务,一般均支持异构类算力的加载。

(3) 从 CPU 到 CPU＋DPU

DPU,即数据处理单元(Data Processing Unit),作为 CPU 的卸载引擎,主要处理网络数据和 IO 数据,并提供带宽压缩、安全加密、网络功能虚拟化等功能,以释放 CPU 的算力到上层应用。DPU 是 CPU 和 GPU 的良好补充,据英伟达预测,每台服务器可能没有 GPU,但必须有 DPU,用于数据中心的 DPU 的量将达到和数据中心服务器等量的级别。

(4) 从 CPU 到 CPU＋XPU

AI 模型通过数千亿的参数进行训练,增强包含数万亿字节的深度推荐系统,其复杂性和规模正呈现爆炸式增长。这些庞大的模型正在挑战当今系统的极限,仅凭

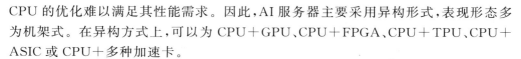

CPU 的优化难以满足其性能需求。因此,AI 服务器主要采用异构形式,表现形态多为机架式。在异构方式上,可以为 CPU＋GPU、CPU＋FPGA、CPU＋TPU、CPU＋ASIC 或 CPU＋多种加速卡。

（5）从 CPU 到 CPU＋TPU

TPU,即张量处理单元(Tensor Processing Unit),是 Google 为加速深度学习所开发的专用集成电路(DSA)。它采用专用 CISC 指令集,自定义改良逻辑、线路、运算单元、内存系统架构、片上互联等,并针对 Tensorflow 等开源框架进行优化。

第3章　操作系统

实验三　安装操作系统

【实验目的】

① 认识并掌握虚拟机的安装。

② 能够在虚拟机下从光盘安装操作系统。

③ 能够在虚拟机下从 U 盘安装操作系统。

【实验内容】

① 安装虚拟机。

② 在虚拟机下以光盘形式安装操作系统。

③ 在虚拟机下以 U 盘形式安装操作系统。

【实验材料与工具】

① 一台计算机。

② VMware 虚拟机软件。

③ 操作系统镜像文件。

④ U 大师软件。

【实验步骤】

1. 虚拟机安装

VMware 是一款常用的虚拟机创建和使用程序。采用 VMware 可创建各种系统的虚拟机,从而让计算机可以运行多种程序,并且彼此兼容。

开启 VMware 软件,进入软件首页,单击"Create a New Virtual Machine"选项,进入虚拟机创建界面。

VMware 为用户提供两种虚拟机的创建模式:Typical(典型)和 Custom(自定义),如图 3-1 所示。典型模式适用于单纯使用虚拟机的用户;自定义模式则可以更加具体地设置虚拟机,满足不同用户需求。

在进入操作系统安装选择界面后,选择"I will install the operating system later."

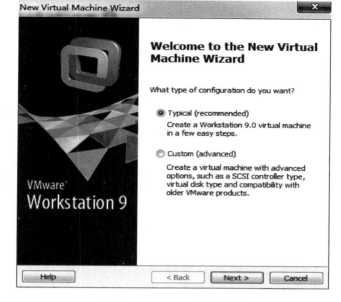

图 3 - 1　VMware 安装界面

选项,即稍后安装操作系统,如图 3 - 2 所示。

图 3 - 2　操作系统安装选择界面

需要先选择预计安装的操作系统类型，如选择 Windows 7（也可选择其他操作系统），如图 3 - 3 所示。

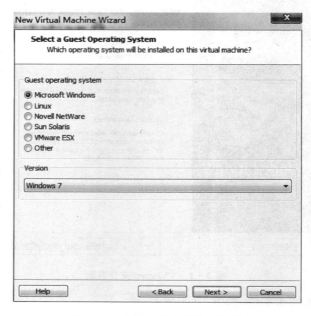

图 3 - 3　操作系统类型选择界面

之后，设置硬盘大小等参数，如图 3 - 4 所示。

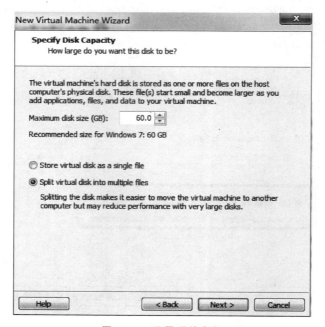

图 3 - 4　设置硬件参数

虚拟机创建完成后,相当于从市场购买了一台没有安装操作系统的裸机,如图 3-5 所示。

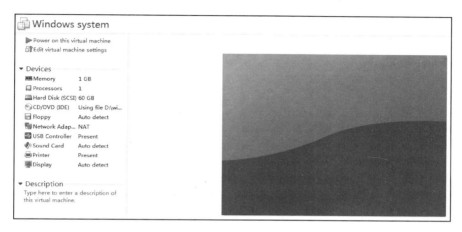

图 3-5 虚拟机创建完成

2. 在虚拟机下通过光盘引导安装操作系统

进入虚拟机界面,选中需要安装操作系统的虚拟机,单击"Edit virtual machine settings"选项,设置虚拟机参数,如图 3-6 所示。

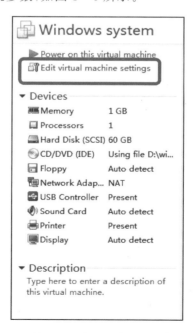

图 3-6 虚拟机参数设置

在"Virtual Machine Settings"界面下,选择"CD/DVD(IDE)"→"Connection"→ "Use ISO image file"选项,单击"Browser"按钮,从本地磁盘中加载准备好的"win7.iso" 文件,并设置"Device status"为"Connect at power on",如图 3 - 7 所示。

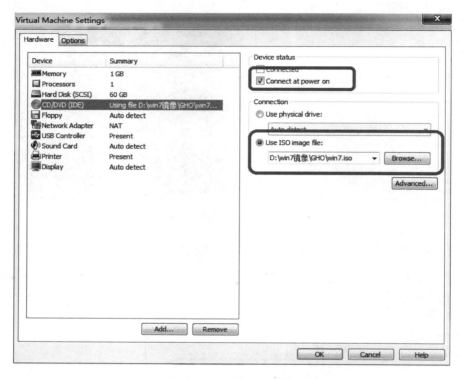

图 3 - 7　加载 ISO 文件

设置"CD/DVD Advanced Settings"的"Virtual device node"为"IDE",如图 3 - 8 所示。

图 3 - 8　设置虚拟设备节点

进入虚拟机的固件(相当于实际计算机的 BIOS),设置磁盘启动顺序为"CD - ROM Driver",如图 3 - 9 所示。

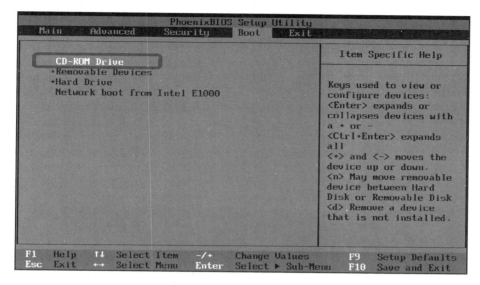

图 3 - 9 设置磁盘启动顺序

重启虚拟机,进入操作系统安装界面,如图 3 - 10 所示。

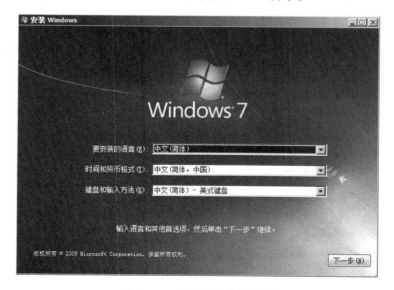

图 3 - 10 操作系统安装界面

单击"下一步"按钮,显示"正在安装 Windows...",如图 3 - 11 所示,等待一段时间后,系统会自动完成安装。

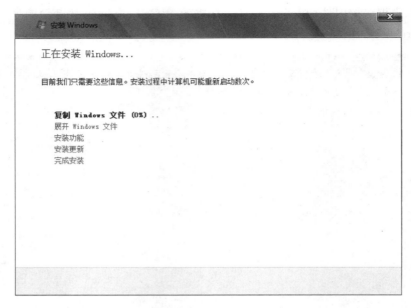

图 3 - 11　安装进行界面

3. 在虚拟机下通过 U 盘引导安装操作系统

通过 U 盘引导安装操作系统,首先需要采用 U 大师软件制作 U 盘引导盘。在实际计算机上插入 U 盘,打开 U 大师软件,软件会自动识别所插入的 U 盘,根据提示制作 U 盘引导盘。按照 GHO 文件夹说明,在生成的文件夹中选中 GHO 文件夹,将“win7. iso”文件(操作系统)放入该文件夹,则 U 盘引导盘制作完成。

打开虚拟机后,编辑虚拟机设置。选择“Virtual Machine Settings”→“Disk”选项,进入“Add Hardware Wizard”界面,选择“Use a physical disk(for advanced users)”选项,如图 3 - 12 所示。

进入虚拟机 BIOS,将“Hard Drive”设为首选项,如图 3 - 13 所示。启动虚拟机进入 Windows 安装界面,之后的过程与光盘启动安装一样。

【思考问题】

① 安装操作系统时应注意哪些问题?

② 操作系统安装完成后,如何保证系统安全运行?

【拓展实验】

Windows PE 是 Windows 预安装环境,大多数版本的 PE 都被第三方进行了改装,封装了很多工具及软件,能够比较方便地写入 U 盘或光盘引导计算机进行相关系统安装与维护。试着动手制作一个 PE 盘,先对磁盘进行格式化和分区,再进行系

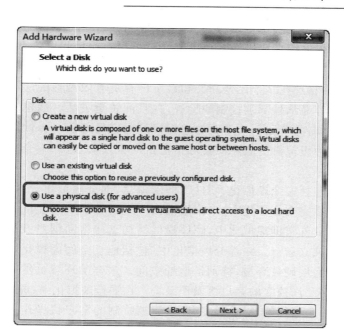

图 3 - 12　选择物理磁盘

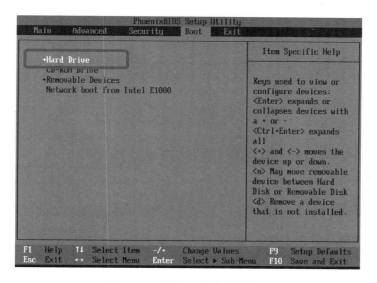

图 3 - 13　设置 U 盘启动首选项

统安装。

【扩展阅读】

虚拟化最早是为了描述虚拟机的概念而提出的。对虚拟机的架设和管理称为平台虚拟化。平台虚拟化表现为在一个给定的硬件平台上宿主机创造一个模拟的计算机环境(虚拟机)提供给客户机。客户机软件对于用户应用程序没有限制,许多宿主机允许客户机运行真实的操作系统。虚拟机对硬件资源(如网络、显示器、键盘、硬盘)的访问被统一管理在一个比处理器和系统内存更有限制性的层次上。虚拟机比真实的计算机更容易从外部被控制和检查,并且配置更灵活。创建一个新的虚拟机不需要预先购买硬件。而且,一个新的虚拟机可以轻易地从一台计算机转移到另一台计算机上。因为虚拟机的故障不会对宿主机产生损害,所以不会令宿主机上的操作系统死机。

平台虚拟化包括完全虚拟化、硬件辅助虚拟化、部分虚拟化、平行虚拟化和操作系统层虚拟化。在完全虚拟化中,虚拟机模拟一个足够强大的硬件使客户机操作系统独立运行。在硬件辅助虚拟化中,硬件提供结构支持帮助创建虚拟机监视并允许客户机操作系统独立运行。在部分虚拟化中(包括地址空间虚拟化),虚拟机模拟数个(但不是全部)底层硬件环境,特别是地址空间。这样的环境虽然支持资源共享和线程独立,但是不允许独立的客户机操作系统。在平行虚拟化中,虚拟机不需要模拟硬件,而是提供一个特殊的 API,该 API 只能被特制的客户机操作系统使用。在操作系统层虚拟化中,独立主机被虚拟化在操作系统层中,使得多个独立且安全虚拟化的服务器运行在一台计算机上。客户机操作系统环境与宿主机服务器共用一个操作系统。

实验四　备份与还原操作系统

【实验目的】

① 掌握系统自带功能——备份与还原操作系统。
② 掌握利用 Ghost 备份与还原操作系统。

【实验内容】

① 利用系统自带功能备份与还原操作系统。
② 利用 Ghost 备份与还原操作系统。

【实验材料与工具】

① 一台计算机。
② Ghost 软件。

【实验步骤】

1. 利用系统自带功能备份与还原

首先,选择"开始"→"控制面板"→"备份和还原"→"创建系统映像"菜单项,如图 3 - 14 所示。

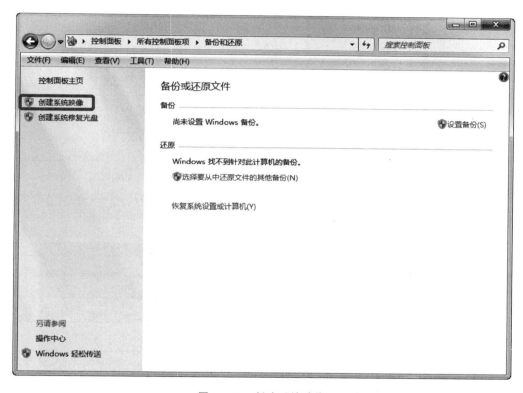

图 3 - 14 创建系统映像

然后,选择备份保存位置和待备份的驱动器。如果备份的驱动器中包括系统盘,则不要选择系统盘作为保存备份的位置。单击"开始备份"按钮,对系统盘进行备份,如图 3 - 15 所示。

系统备份完成后,会提示是否创建系统修复光盘。如果有刻录机可以选择刻录一张系统修复光盘,如果没有空光盘和刻录机则选择"否"。系统盘已经做了备份,之后当系统出现问题时,可以利用所做的备份进行还原。

2. 利用 Ghost 备份与还原

Ghost 的备份还原是以硬盘分区为单位进行的,它能够把硬盘上的物理信息完整复制,能够克隆系统中的所有内容(包括声音、动画和图像),也可以复制磁盘中的碎片。

图 3 - 15 开始备份

（1）制作分区镜像文件

① 运行 Ghost 后，单击"OK"按钮，如图 3 - 16 所示。选择"Local"→"Partition"→"To Image"菜单项，如图 3 - 17 所示。

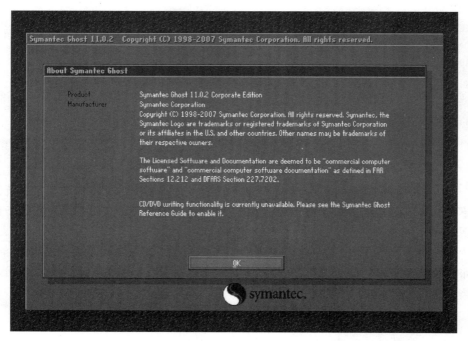

图 3 - 16 Ghost 界面

② 弹出"Select local source drive by clicking on the drive number"对话框，单击

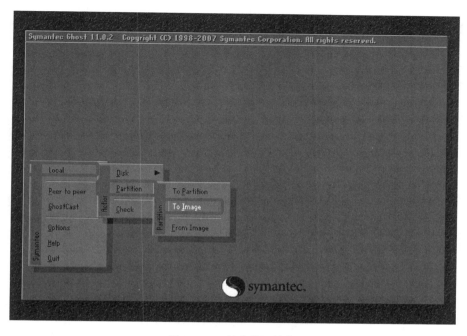

图 3 - 17 创建分区镜像

要备份的分区所在硬盘,再单击"OK"按钮,如图 3 - 18 所示。

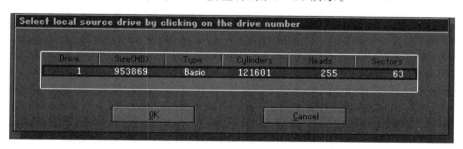

图 3 - 18 选择备份分区硬盘

③ 弹出"Select source partition(s) from Basic drive:1"对话框,源分区就是待制作成镜像文件的分区,选择要制作镜像文件的分区,单击"OK"按钮,如图 3 - 19 所示。

④ 选择镜像文件存储目录,并输入镜像文件名,如输入 D:\cwin7,表示将镜像文件"cwin7. gho"保存到 D 盘根目录下。之后,弹出"Compress Image"对话框,上面有"No"(不压缩)、"Fast"(快速压缩)、"High"(高压缩比压缩)三个按钮,压缩比越低,保存速度越快。一般选择"Fast"按钮即可,如图 3 - 20 所示。

⑤ 建立镜像文件成功后,回到 Ghost 界面,单击"Quit"选项退出 Ghost,如图 3 - 21 所示,分区镜像文件制作完毕。

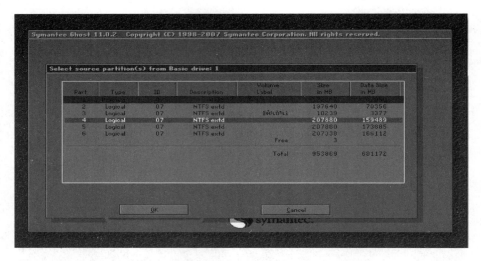

图 3 - 19　选择源分区

图 3 - 20　压缩比选择

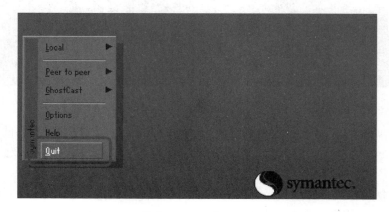

图 3 - 21　退出 Ghost

(2) 备份硬盘

　　Disk 菜单下的子菜单项,可实现硬盘到硬盘的直接对拷("Disk"→"To Disk")、硬盘到镜像文件("Disk"→"To Image")、从镜像文件还原硬盘内容("Disk"→"From

Image")。在多台计算机配置完全相同的情况下,可以先在一台计算机上安装操作系统及软件,然后利用 Ghost 硬盘互相拷贝功能将系统完整地复制到其他计算机,这样安装操作系统比传统方法快很多。硬盘备份过程类似于分区的备份。

如果系统在使用一段时间后运行缓慢,则可能是由于经常安装或卸载软件残留或误删除了一些文件,导致系统紊乱、崩溃或中病毒,采用 Ghost 进行恢复还原比较方便。

(3)利用镜像文件还原系统

还原是备份的逆过程,使用 Ghost 还原的步骤如下:

① 运行 Ghost。

② 在 Ghost 主菜单中,选择"Local"→"Partition"→"From Image"菜单项,如图 3 - 22 所示。

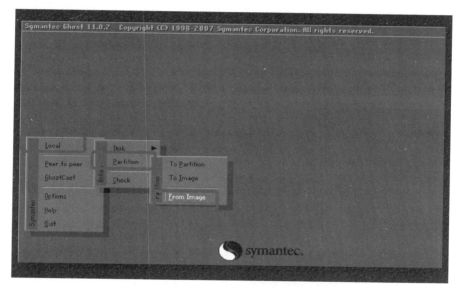

图 3 - 22 还原分区镜像

③ 弹出"Image file name to restore from"对话框,选择镜像文件所在路径,找到镜像文件,如图 3 - 23 所示。

④ 弹出"Destination Drive Details"对话框,如图 3 - 24 所示。

⑤ 单击"OK"按钮,Ghost 开始还原分区。

⑥ 还原完毕之后,重启系统。

(4)还原硬盘

选择"Disk"→"From Image"菜单项,可还原硬盘内容。硬盘还原过程类似于分区的还原过程。

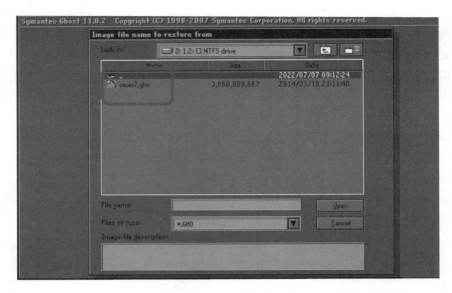

图 3 - 23　选择镜像文件

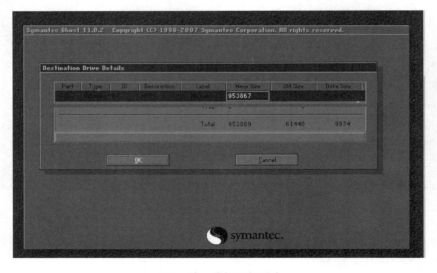

图 3 - 24　选择目标磁盘

【思考问题】

① GHO 文件和 ISO 文件有什么区别？

② 利用 U 盘安装系统完毕，拔出 U 盘后，应采取什么操作才能正常启动系统？

【拓展实验】

除了经典的 Ghost 可以进行系统备份与还原外,还可采用 U 大师、小白、Onekey Ghost 等界面友好、操作简单的备份还原工具。从中选择一种工具,在虚拟机下对系统进行备份和还原操作。

【扩展阅读】

数据备份是容灾的基础,是指为防止操作失误或系统故障导致数据丢失,而将全部或部分数据集合从应用主机的硬盘或阵列复制到其他的存储介质的过程。数据备份技术的发展经历了手工数据副本拷贝、例行脚本、系统工具(如 RMAN)、备份软件、快照、持续数据保护(CDP)、数据副本管理(CDM)等阶段,其中备份软件、快照等技术是目前应用较为广泛和成熟的技术,而持续数据保护(CDP)、数据副本管理(CDM)技术将在云计算海量数据时代承担更多核心数据资产保护任务。

数据备份方式主要有热备、冷备和双活三种。热备的情况下,只有主要数据中心承担用户的业务,此时备用数据中心对主要数据中心进行实时备份,当主要数据中心不能工作时,备用数据中心可以自动接管主要数据中心的业务,因为用户的业务不会中断,所以也感觉不到数据中心的切换。冷备的情况下,也只有主要数据中心承担业务,但是备用数据中心不会对主要数据中心进行实时备份,这时可能是周期性地进行备份或者干脆不进行备份,如果主要数据中心不工作,则用户的业务就会中断。双活是考虑到备用数据中心只做备份的资源浪费问题,让主要和备用两个数据中心同时承担用户业务。此时,主要和备用两个数据中心互为备份,并且进行实时备份。一般来说,主要数据中心的负载可能会多一些,比如分担 60%～70% 的业务,备用数据中心只分担 30%～40% 的业务。

实验五　设置操作系统三重密码

【实验目的】

① 认识并掌握 BIOS 的设置方法。
② 掌握三重密码的设置方法。

【实验内容】

① BIOS 的参数设置。
② 三重密码设置。

【实验材料与工具】

一台计算机。

【实验步骤】

1. BIOS 参数设置

BIOS 设置有时也被称为 CMOS 设置。BIOS 是基本输入/输出系统的英文简称。它是固化在计算机中的一组程序，为计算机提供最低级的、最直接的硬件控制。CMOS 是主板上的一块可读写 RAM 芯片，用来保存 BIOS 的硬件配置和用户对某些参数的设定。CMOS 可由主板的电池供电，即使系统掉电，信息也不会丢失。CMOS RAM 本身只是一块存储器，只有数据保存功能。BIOS 提供了 4 个功能：加电自检及初始化、系统设置、系统引导和基本输入/输出。其中系统设置功能用于设定系统部件配置的组态。当系统部件与原来存放在 CMOS 的参数不符合、CMOS 参数丢失或系统不稳定时，都需要进入 BIOS 设置程序，重新配置正确的系统组态。对于新安装的系统，也需要进行设置，才能使系统工作在最佳状态。对 BIOS 各项参数的设定要通过专门的程序实现。BIOS 设置程序一般都被厂商整合在芯片中，当开机时通过特定的按键就可进入 BIOS 设置程序，方便对系统进行设置。

不同的主板会有不同的 BIOS。目前常见的 BIOS 主要有两种：一种是 UEFIBIOS；另一种是传统的 Award BIOS。UEFIBIOS 是 2012 年推出的新型 BIOS 模式，UEFI 全称为"统一的可扩展固件接口"，是一种详细描述类型接口的标准。因为硬件发展迅速，所以传统的 BIOS 已经落后。UEFI 模式是一种新的启动模式，支持全新的 GPT 分区模式，开机速度更快，更安全。UEFI 程序采用 C 语言图形化界面，支持多种语言显示。Award BIOS 是由 Award Software 公司开发的 BIOS 产品，被大多数台式计算机主板采用，功能较为齐全，支持许多新硬件，但是采用全英文界面，且只支持键盘操作，普通用户操作的难度较大。下面就以 Award BIOS 为例，介绍 BIOS 的常用设置。

(1) 进入 BIOS

开机或重新启动计算机后，BIOS 开始自检并启动计算机，当屏幕下方出现提示信息时，按 Del 键（对于不同的主板，提示信息会有所不同；对于某些主板，按 F2 或 Ctrl＋Del＋Esc 组合键；具体要看屏幕上的提示）就可以进入如图 3-25 所示 BIOS 设置界面。

要注意的是，如果 Del 键按迟了，则计算机将会启动操作系统，因此，可以在开机后立刻按住 Del 键直到进入 BIOS。在 BIOS 设置的主菜单中，可以看到不同的设置选项，各个选项的功能如图 3-25 所示，可以按上下左右方向键进行选择，同时在界面的下面会显示相应选项的主要设置内容，选定选项后，按回车键进入子菜单进行具

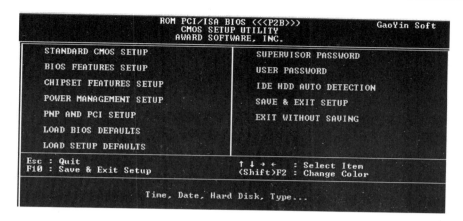

图 3 - 25　BIOS 设置界面

体设置,按 Esc 键返回父菜单,按 F10 键保存并退出 BIOS 设置。

（2）标准 BIOS 设置

在主菜单中选择"STANDARD CMOS SETUP"选项,按回车键进入标准设置界面。标准 BIOS 设置包含日期/时间设置、硬盘设置、显示标准设置、自检错误停机设置,并提供内存的分配信息。

（3）启动顺序设置

计算机的启动先要通过主板上的 BIOS 进行自检,自检后 BIOS 将从某个驱动器引导装入操作系统。BIOS 会按给出的磁盘启动顺序自动查找驱动器,发现哪个驱动器中有操作系统,就用此驱动器的系统引导,否则将继续查找。启动驱动器的顺序可以是硬盘、光盘、U 盘等。如果要安装新的操作系统,则一般情况下要将计算机的启动顺序改为先由光盘（CD - ROM）或 U 盘启动。在 BIOS 主界面中,选择"BIOS FEATURES SETUP"选项,按回车键进入设置界面。通过上下光标键找到设置项"BOOT SEQUENCE",通过 Page Up/Page Down 键修改。

2. 三重密码设置

（1）设置 BIOS 密码

为了确保个人隐私和重要资料不被别人窃取,设置开机密码是非常必要的。在 BIOS 主菜单中有两个设置密码的选项——"SUPERVISOR PASSWORD"（超级用户密码）与"USER PASSWORD"（用户密码）。这两个密码的根本区别在于 BIOS 的修改权。用户密码只用于启动计算机,即进入系统;而超级用户密码不但可以用于开机进入系统,而且还能用于进入 BIOS 设置其内容。超级用户密码和用户密码最多包含 8 个数字或字符,且区分大、小写。

① 在 BIOS 主菜单中选择"BIOS FEATURES SETUP"选项,然后用光标键选择"SECURITY OPTION"后,用 Page Up/Page Down 键把选项改为"SYSTEM"。

"SECURITY OPTION"有两个参数,即"SETUP"与"SYSTEM"。这两个参数表示 BIOS 密码的两种状态。如果选择"SETUP",则开机的时候不会出现密码输入提示,只有当进入 BIOS 设置时才要求输入密码,密码设置的目的在于禁止未授权用户设置 BIOS,保证 BIOS 设置的安全。如果选择"SYSTEM",那么每次开机启动时都会被要求输入密码(输入超级用户密码或用户密码),此密码的设置目的在于禁止他人使用此计算机。若设置了"SYSTEM"密码,则安全性更高一些。

② 按 Esc 键回到 BIOS 设置界面。

③ 选择"SUPERVISOR PASSWORD"或"USER PASSWORD"后按回车键,出现"ENTER PASSWORD"对话框,输入密码。当输入时,屏幕不会显示输入的密码,输入后按回车键。弹出"CONFIRM PASSWORD"对话框,要求再次输入密码,如果两次输入的密码相同,则密码就被记录在 BIOS 中。如果想取消密码,则只须当输入新密码时直接按回车键,这时会显示"PASSWORD DISABLED",密码取消。密码设置后需要牢记,如果不小心忘记所设置的密码,则需要打开机箱,在主板上找到主板电池。在电池的旁边会发现一个 CMOS 芯片短路插座(主板不同,该插座的位置也不一样,请参见主板说明书),此插座用于 CMOS 芯片短路放电,短路放电后,BIOS 中的修改信息就全部恢复到出厂设置了。

④ BIOS 设置完成后,在主菜单中选择"SAVE & EXIT SETUP"选项,按回车键或直接按 F10 键,保存退出。如果只是想试试,不想保存修改设置,则可以选择主菜单中的"EXIT WITHOUT SAVING"选项,按回车键后退出 BIOS。

(2) 设置系统密码

① 选择"开始"→"运行"菜单项,输入"syskey"后按回车键,这时会弹出"保证 Windows 帐户数据库的安全"对话框,单击"更新"按钮。

② 在"启动密钥"对话框中选择"密码启动"选项,输入要设定的密码即可,如图 3-26 所示。如果选择"系统产生的密码"选项,则系统在启动时就不需要再输入密码了。

(3) 设置用户密码

打开控制面板,选择"用户帐户"选项,然后选择所需设置密码的帐户,选择"创建密码"选项,输入两次自己设定的密码后,再单击"创建密码"按钮即可生效,如图 3-27 所示。

上述三种密码中系统启动密码的安全性最高,用户密码次之,BIOS 密码的安全性最低。BIOS 密码可以通过将主板上的电池取下而消除,在网上也可以找到很多破解用户密码的方法,但启动密码还很难被破解。建议同时设置启动密码和用户密码,这样就有双重密码保护,不但当开机时要输入密码,而且当暂时离开时可以通过同时按 Windows 徽标键(位于 Ctrl 键和 Alt 键之间)和字母 L 键锁定计算机(锁定时,计算机返回登录界面,必须输入用户密码才能返回系统进行正常操作),使他人无法使用。

图 3－26　设置系统密码

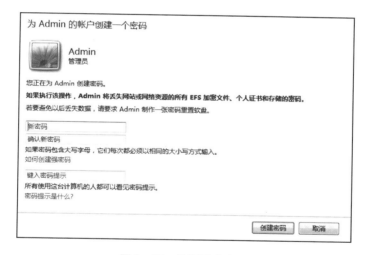

图 3－27　设置用户密码

【思考问题】

① BIOS 芯片与 CMOS 芯片如何配合工作？

② 除了设置三重密码外，还有什么方法可用于增强计算机的安全性？

【拓展实验】

在自己的计算机上设置三重密码，并试一试清除这三重密码。

【扩展阅读】

密码由来已久，其发展大约经历了七次迭代。以计算机出现为界，密码学可分为古典密码学和现代密码学两个阶段。计算机出现之前的密码学称为古典密码学，计算机出现之后的密码学称为现代密码学。

1. 第一代加密法

最原始的第一代加密法是"隐藏法"，也就是把信息藏起来，从有文字出现使用至今，破解方法就是认真搜找。

史上第一个加密法的记载是古希腊历史学家希罗多德记录的一个加密术的故事，这个故事发生在他出生前 300 多年。当时，强大的波斯帝国计划入侵希腊。斯巴达曾经的老国王得知后，偷偷地把这个消息写在木板上并涂了一层蜡。这片木板成功躲过沿路卫兵的检查，到达斯巴达。收信人刮去表面的那层蜡，就发现了下面的密报。得知波斯人的入侵计划后，希腊开始备战。公元前 480 年，波斯舰队本以为对方毫无防备，结果在一天之内其 200 多艘战舰被击沉，5 年多的准备毁于一旦。可以说，这次密报挽救了雅典和斯巴达，其实也等于挽救了现代文明。因为现代文明有两个思想根源：一个是公元前 5 世纪巅峰时期的古希腊思想；另一个是后来的基督教思想。这场战争发生的前后，正是古希腊思想达到巅峰之时。如果当年雅典和斯巴达输掉的话，那么科学和民主可能都不会出现。

类似的"隐藏法"在希罗多德的记录中还有更完善的。比如先把送信人的头发剃光，然后把保密消息写在那个人的头皮上，等他的头发长出来后，让送信人出发，到了目的地再把头发剃光，保密消息就被读出来了。这个方法不但可以躲过沿路的盘查，甚至连送信人也不知道消息内容，只是送一次消息至少要 2 个月，时间有点长。

简单来说，第一代加密法就是想方设法藏匿，解密方法就是想方设法翻找。自从有了文字，人们就一直在用它，直到今天人们藏私房钱时用的还是这个套路。

2. 第二代加密法

第二代加密法是移位法和替代法。它们是在大约 5 000 年前出现的，直到 9 世纪才被阿拉伯人发明的频率分析法破解，中间隔了足足 4 000 年。在欧洲，直到 16 世纪，人们都还没掌握这种破解方法。

移位法很简单，比如车牌号是 1874，把每个数字都在数列中向后加 1，那么 1 变 2，2 变 3，1874 就变成了 2985。因为都是数字，所以可能会觉得反差不大，但如果字母也这样变化，则看起来就很不一样。字母顺序改变也是一样的，从 a 排列到 z，比如要对 hello world 加密，加密规则是每个字母都向后移动 2 位，"hello world"就变成了"jgnnq yqtnf"。

替代法也很好理解，就是把文中一部分字母用其他字母代替。比如"For man is man and master of his fate（人就是人，是自己命运的主人）"，如果把其中的 a 用 z 代

替、o 用 y 代替、e 用 w 代替、i 用 x 代替,它就成了一段谁也看不出来的文字:

原文:For man is man and master of his fate。

密文:Fyr mzn xs mzn znd mzstwr yf hxs fztw。

在距今 5 000 多年前,古埃及人就在文字中使用了移位法和替代法,这种方法被广泛应用了将近 4 000 年。在漫长的岁月里也出现了很多变种,比如顺序倒着写、奇数位和偶数位的变化不一样、将奇数位和偶数位的字母拆分后首尾相连。这两种加密法的加密原理虽然简单,但想解密并不容易。

一条消息如果有十几个词,想用试错的办法猜出来,则只能采用排列组合的方式。假设任何一个字母都有可能是 26 个字母中的任何一个,那么这条消息每增加一个字母,排列方式就增加 26 倍。一句话可能的排列总数,也许要超过整个宇宙原子的总数,靠碰运气是没法猜出来的。因此,直到 16 世纪,欧洲人对此都没有破解方法。那为什么简单的加密法会被使用这么多年?原因很简单,因为它们跟数学的关系非常微弱。

3. 第三代加密法

第三代的维吉尼亚密码是在 16 世纪出现的,也就是从这一代加密法开始,加密和解密的迭代速度越来越快。因为现代科学的出现,复杂的数学工具开始在各领域被应用。而且也是从这一代加密法开始,"钥匙"的概念诞生,这可以说是整个密码学最重要的一个概念。

4. 第四代加密法

第四代加密法是指在第一次世界大战后被发明的一种机器,称为恩尼格玛机(Enigma)。它成功压制解密法 25 年的时间,后来被数学家图灵破解,而"钥匙"就是最重要的突破口。

从第一代的"隐藏法"到图灵破解第四代的恩尼格玛机,实际上,密码学的古典时代已经进入了尾声。从纸笔时代到机械电子时代,最显著的差异就是加密的复杂度以及效率的大幅提高。

5. 第五代加密法

第五代魔王加密系统在 20 世纪 70 年代出现,由此密码学出现了分水岭。因为计算机的出现,让加密解密的最小单位从字母变成了数字,数字的变化打乱了信息的底层结构。二进制的 0 和 1 让密码的复杂度一下子就上升了不知道多少个数量级。因此,在计算机出现之前的密码学称为古典密码学,在计算机出现之后的密码学称为现代密码学。

6. 第六代加密法

20 世纪 70 年代末,第六代 RSA 加密系统出现,解决了"钥匙"递送中的漏洞,可靠性大幅提升。虽然它并不是无法破解的,但因为计算量太大,所以在理论上破解时间无限长。目前互联网加密的底层就是 RSA 加密法。加密一方赢面较大、解密一方处于劣势的时代，正是建立在第六代加密法的基础上的。

如果量子计算机出现，计算机算力大幅增加，则无限长的破解时间可能会缩短为几分钟到几小时。而在这之前，RSA 加密法暂且可以算作没有破解方法。也是从第六代加密法开始，"钥匙"的重要性体现得越来越明显。

7. 第七代加密法

第七代加密法是量子加密，背后的支撑理论是测不准原理和特殊的算法。当前因为技术水平有限，所以只能对长度比较短的"钥匙"加密，而不能对整个信息加密。据说在一些国家的高级保密单位已经开始使用量子加密，它从物理学和数学原理上是不可被破解的，是最强的加密法。

第4章 网络技术

实验六 双机互联

【实验目的】

① 掌握直通双绞线制作方法。
② 掌握计算机网络参数配置方法。
③ 掌握计算机共享文件设置方法。

【实验内容】

两名学生互传资料,且不借助 U 盘等外部存储设备。

【实验材料与工具】

① 超五类非屏蔽双绞线 1 根。
② 水晶头 2 个。
③ 计算机 2 台。

【实验步骤】

1．制作平行双绞线

(1) 剥 线

准备一根长 2 m 左右的双绞线,用压线钳剪线刀口将双绞线端头剪齐,再将双绞线端头伸入压线钳剥线刀口,使线头触及前挡板,然后适度握紧压线钳的同时慢慢旋转双绞线,让刀口划开双绞线的保护胶皮,取出端头从而剥下保护胶皮,如图 4-1 所示。

注意:握压线钳力度不能过大,否则会伤及芯线(如果继续进行,则所制作的双绞线连通状态将会不稳定,甚至完全不通);另外,剥线的长度为 13～15 mm,不宜太长或太短。

(2) 理 线

双绞线由 8 根有色导线两两绞合而成,将其散开,按照线序标准(T568B)排列整齐,并将线弄平直。整理完毕后用剪线刀口将线头前端一次性剪齐,留下约 1.4 cm 的长度,以备插入水晶头,如图 4 - 2 所示。

图 4 - 1 剥线

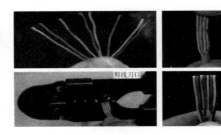

图 4 - 2 理线

注意:在理线的过程中,应尽可能将 8 条线绷直;双绞线两端接头的线序必须按照制作要求排列,否则将不能正常通信。

(3) 插 线

一只手捏住水晶头,将水晶头有弹片的一侧向下,另一只手捏平双绞线,稍稍用力将排好的线平行插入水晶头内的线槽中,8 根导线顶端应顶到线槽顶端,如图 4 - 3 所示。

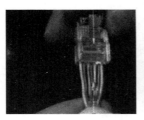

图 4 - 3 插线

注意:如果理线时不能将线头剪齐,则某些短线头将顶不到水晶头内线槽的顶端,很容易造成双绞线不通。T568B 标准是以橙白、橙、绿白、蓝、蓝白、绿、棕白、棕的顺序依次将导线装到水晶头的 8 个脚,须确定线序正确。

(4) 压 线

确认所有导线都到位后,将水晶头放入压线钳夹槽中,用力捏几下压线钳,压紧线头即可,如图 4 - 4 所示。

图 4 - 4 压线

注意:在压线前,千万不要扯动双绞线另一端,以免造成内部线头与水晶头金属脚接触不良。压过的水晶头的 8 个金属脚一定会比未压过的低,这样才能顺利嵌入芯线中。有些比较好的压线钳甚至必须在接脚完全压入后才能松开握柄,取出水晶头,否则由于压线钳不到位,水晶头会卡在压线钳夹槽中取不出来。

(5) 制作双绞线的另一端

按照上述方法制作双绞线的另一端。

说明:经过压线后,水晶头将会和双绞线紧紧结合在一起。另外,水晶头经过压制后将不能重复使用。

(6) 双绞线的测试

为了保证双绞线的连通,在完成双绞线的制作后,要使用网线测试仪测试双绞线的两端,保证双绞线能正常使用。在测试过程中,如果线路两端的测线器 LED(发光二极管)同时发光,则表示线路正常(由于 T568A 和 T568B 的连接顺序不同,因此其发光显示顺序也不同)。

注意:如果两个接头的线序都按照 T568A 或 T568B 标准制作,则做好的线为直通网线,也称平行双绞线;如果一个接头的线序按照 T568A 标准制作,而另一个接头的线序按照 T568B 标准制作,则做好的线为交叉网线。

在完成双绞线的制作后,就可将其两端的水晶头分别接到网络主机网卡上的插槽中及相关网络设备上(如交换机)。在插入过程中,应听到非常清脆的"啪"的一声,这提示双绞线已实现顺利地插入连接。

当从网络设备或主机网卡上拔出水晶头时,千万不要硬拔,必须捏紧水晶头上的弹片柄,才可以非常轻松地使水晶头从插槽中脱离出来。切忌上下左右用力摇动水晶头,以免对水晶头和插槽造成损坏。

2. 配置各主机网络参数

在完成双绞线制作后,将双绞线两端分别插入两台计算机,网卡指示灯闪烁表示物理网络已连接,然后配置各主机的网络参数。配置方法如下:

① 单击"开始"按钮,选择"控制面板"命令,打开"控制面板"窗口,如图 4-5(a)所示。

② 单击"网络和 Internet"超链接,打开"网络和 Internet"窗口,如图 4-5(b)所示,选择"网络和共享中心"选项;在打开的窗口左侧选择"更改适配器设置"选项,如图 4-5(c)所示;在打开的窗口中右击"本地连接"图标,如图 4-5(d)所示;在弹出的菜单中选择"属性"选项,打开"本地连接属性"对话框,如图 4-5(e)所示。

③ 在打开的"本地连接属性"对话框的"网络"选项卡中,单击"Internet 协议版本 4(TCP/IPv4)"选项,然后单击"属性"按钮,如图 4-5(e)所示,打开"Internet 协议版本 4(TCP/IPv4)属性"对话框,在该对话框中输入分配好的 IP 地址和子网掩码,如图 4-5(f)所示,依次单击"Internet 协议版本 4(TCP/IPv4)属性"对话框和"本地连接属性"对话框的"确定"按钮,完成 IP 地址的设置。

<table>
<tr><td>(a) "控制面板"窗口</td><td>(b) "网络和Internet"窗口</td></tr>
</table>

(a) "控制面板"窗口　　　　　　　　(b) "网络和Internet"窗口

<table>
<tr><td>(c) "网络和共享中心"窗口</td><td>(d) "网络连接"窗口</td></tr>
</table>

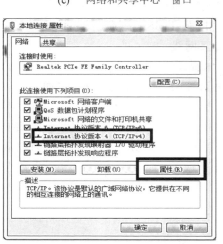

(e) "本地连接属性"对话框　　　　(f) "Internet协议版本4(TCP/IPv4)属性"对话框

图4-5　配置IP地址界面

3. 设置共享文件

(1) 标识计算机

为了能够让对等网的两台机器方便查找对方,必须为它们各自取一个名字。具体的方法是在"网络"窗口中选择"标识"标签,然后在弹出的对话框中给 PC 机分别设置"计算机名"和"工作组"。要注意的是,网络中的任意两台计算机的"计算机名"不能相同,而"工作组"必须相同,只有这样才能成功地把它们组成对等网。

要实现网上邻居互相访问,建议最好将双方计算机设为同一个工作组。右击"我的电脑"图标,在弹出的快捷菜单中选择"属性"命令,然后在弹出的如图 4-6 所示的

"计算机系统属性"窗口中选择"计算机名称、域和工作组设置"选项，并单击"更改设置"按钮后就可以修改"计算机名"和"工作组"了，如图 4 - 7 所示。

图 4 - 6　"计算机系统属性"窗口

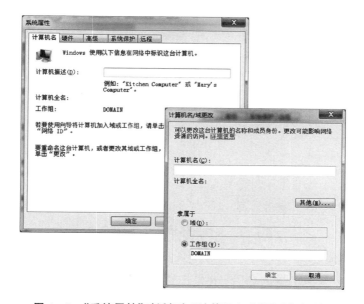

图 4 - 7　"系统属性"对话框与"计算机名/域更改"对话框

（2）设置共享文件夹

① 在拟共享的文件夹上右击，在弹出的快捷菜单中选择"共享"命令。若该文件夹已被共享则显示"不共享"，如图 4 - 8 所示。

② 添加"Everyone"用户。在弹出的"文件共享"窗口中，若无"Everyone"用户则在下拉菜单中选择"Everyone"用户，并单击"添加"按钮添加，如图 4 - 9 所示。

图 4 - 8 共享文件夹

图 4 - 9 文件夹添加"Everyone"用户

(3) 访问共享文件

① 更改高级共享设置。在"网络和共享中心"窗口左侧单击"更改高级共享设置"超链接,如图 4 - 10 所示。在打开的"高级共享设置"窗口中选中"启用网络发现"、"启用文件和打印机共享"以及"关闭密码保护共享"三个选项,如图 4 - 11 所示,然后单击下方的"保存修改"按钮,完成高级共享设置的修改。

② 若两台主机在一个工作组,则可双击"计算机"图标,打开"计算机"窗口,在窗口左侧下方位置单击"网络"超链接,打开"网上邻居"窗口,在该窗口中可看到局域网中处于同一工作组的计算机。双击打开设置了共享文件夹的计算机,可以访问它共享的文件夹。

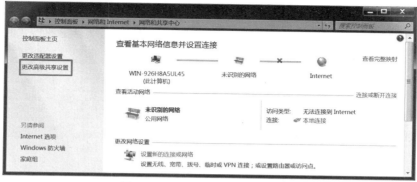

图 4-10　"网络和共享中心"窗口

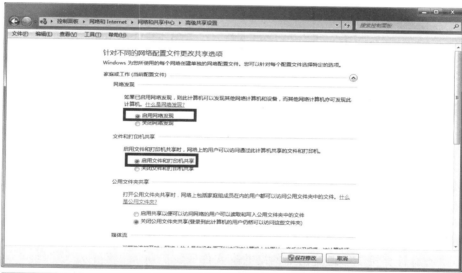

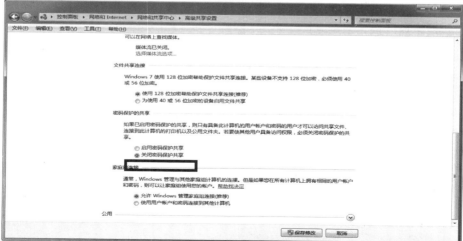

图 4-11　更改高级共享设置

③ 若两台主机不在一个工作组中,则在"网上邻居"窗口的计算机列表中看不到对方主机。可在"网上邻居"窗口的地址栏中输入"\\对方 IP 地址",访问不在一个工作组的局域网内的计算机。

【思考问题】

① 互联的两台主机的 IP 地址设置需满足什么条件?
② 通过网络共享文件是否存在安全隐患?

【拓展实验】

用自己的笔记本计算机与室友的笔记本计算机实现双机互联,并实现文件共享。

实验七　组建小型局域网

【实验目的】

① 能够使用二层交换机组建局域网。
② 掌握 ping 命令的使用方法。

【实验内容】

某学生宿舍有 4 台计算机、1 个校园网接入网络接口,IP 号段为 192.168.1.0,子网掩码为 255.255.255.192。现需要组建宿舍内部网络,以满足如下条件:

① 所有计算机能够通过内部网络共享文件资源。
② 每台计算机均能够访问校园网。
③ 网络速度快且稳定。
④ 尽可能节约网络建设成本。

【实验材料与工具】

① 超五类非屏蔽双绞线若干。
② 交换机 1 个。
③ 计算机 4 台。

【实验步骤】

1. 分配 IP 地址

由于所建网络需接入 4 台主机,且使用二层交换机组网,因此需要同一号段的 4

个不同的 IP 地址。根据所给子网掩码可知,该 IP 号段完全能够满足组网需求,因此,可以在该号段内任意分配 4 个 IP 地址给 4 台主机。IP 地址分配如表 4 - 1 所列。

表 4 - 1　IP 地址分配

主机名	IP 地址	子网掩码
计算机 1	192.168.1.4	255.255.255.192
计算机 2	192.168.1.5	255.255.255.192
计算机 3	192.168.1.6	255.255.255.192
计算机 4	192.168.1.7	255.255.255.192

2. 确定网络的拓扑结构

小型局域网一般采用星形拓扑结构,如图 4 - 12 所示。

图 4 - 12　网络拓扑结构

3. 组建物理网络

根据网络拓扑结构组建物理网络,并按照步骤 1 的 IP 地址分配方案为各主机配置 IP 地址。

4. 测试网络连通性

(1) 验证物理连通性

将网线两端分别插入两台计算机的网卡接口,观察网卡的以太网接口,若接口的绿灯处于闪烁状态,则表示该线路处于物理连通状态;若计算机右下角"本地连接"图标上出现红色"×",则说明电缆或电缆连接有问题,也可能是 RJ - 45 接口有问题。

(2) 禁用防火墙

禁用 Windows 防火墙或安装的其他防火墙软件。关闭 Windows 防火墙的方法:在"网络和共享中心"窗口左侧下方位置单击"Windows 防火墙"超链接,打开"Windows 防火墙"窗口,在窗口左侧单击"打开或关闭 Windows 防火墙"选项,如图 4 - 13(a)所示,打开"Windows 防火墙自定义设置"窗口,在该窗口中选中"关闭 Windows 防火墙"选项,关闭 Windows 防火墙,如图 4 - 13(b)所示,单击"确定"按钮完成设置。

(a)"Windows防火墙"窗口   (b)"Windows防火墙自定义设置"窗口

图 4 - 13 关闭 Windows 防火墙设置界面

(3)使用 ping 命令进行连通性测试

单击"开始"按钮,在"搜索程序和文件"文本输入框中输入"cmd",然后按回车键,在搜索结果中单击"cmd. exe"超链接,打开"命令提示符"窗口。在窗口中输入"ping 192. 168. 1. 2",即 ping 另一台计算机的 IP 地址,若出现如图 4 - 14 所示的提示信息,则表示网络已连通。

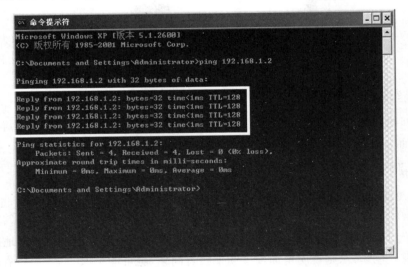

图 4 - 14 用 ping 命令测试两台主机的连通性

使用 ping 命令进行网络连通性测试常进行如下测试:

① ping 127. 0. 0. 1:这个 ping 命令被送到本地计算机的 IP 软件,如果正确,就表示 TCP/IP 的安装或运行正常。

② ping 本机 IP:这个命令被送到计算机所配置的 IP 地址,如果出错,则表示本

地配置或安装存在问题。当出现此问题时,局域网用户应断开网络电缆,重新发送该命令。如果网线断开后本命令正确,则表示另一台计算机可能配置了相同的 IP 地址。

③ ping 局域网内其他 IP:这个命令经过网卡及网络电缆到达其他计算机,再返回。收到回送正确应答表明本地网络中的网卡和载体运行正确。但如果收到 0 个回送应答,那么表示子网掩码不正确或网卡配置错误或电缆系统有问题。

【思考问题】

① 当需要互联的计算机数量大于交换机的端口数时,如何实现所有主机互联?
② 在使用交换机组建的局域网中,主机的 IP 地址设置有什么要求?

【拓展实验】

使用若干 4 口交换机为 6 台主机组建小型局域网,并实现文件共享。

实验八　组建大中型网络

【实验目的】

① 能够对大中型局域网进行网络规划。
② 能够使用家用路由器组建大中型局域网。

【实验内容】

以 3 台计算机为 1 个小组、2 个小组为 1 个大组组建局域网。要求:
① 网络号段为 145.13.0.0,子网掩码为 255.255.0.0。
② 主机号不能全为 0 或全为 1。
③ 各小组网络相对独立。

【实验材料与工具】

① 超五类非屏蔽双绞线若干。
② 交换机 1 个。
③ 路由器 1 个。
④ 计算机 6 台。

【实验步骤】

1. 分配 IP 地址

为满足 2 个小组要有相对独立的网络的实验要求,需要将给定网络号段划分为 2 个子网,使用路由器进行组网。划分子网过程如下:

(1) 确定子网掩码

由于每个子网需要接入 3 台主机,且要加上路由器端口的 IP 地址,因此每个子网至少需要 4 个 IP 地址。又由于规定主机号不能全为 0 或全为 1,因此子网号需要 3 位,子网掩码应为 255.255.224.0(11100000→224)。

(2) 确定可用的网络地址

向主机号借 3 位,构成的所有子网地址如下:

$$000(00000000) \rightarrow 0 \rightarrow 145.13.0.0$$
$$001(00100000) \rightarrow 32 \rightarrow 145.13.32.0$$
$$010(01000000) \rightarrow 64 \rightarrow 145.13.64.0$$
$$011(01100000) \rightarrow 96 \rightarrow 145.13.96.0$$
$$100(10000000) \rightarrow 128 \rightarrow 145.13.128.0$$
$$101(10100000) \rightarrow 160 \rightarrow 145.13.160.0$$
$$110(11000000) \rightarrow 192 \rightarrow 145.13.192.0$$
$$111(11100000) \rightarrow 224 \rightarrow 145.13.224.0$$

从中任选两个子网 IP 号段即可。这里以选择 145.13.0.0 和 145.13.32.0 两个号段为例。

(3) IP 地址分配

根据各小组分得的网络号分配 IP 地址,如表 4-2 所列。

表 4-2 IP 地址分配

组 号	主机名	IP 地址	子网掩码
1 组	网关	145.13.0.1	255.255.224.0
	A1	145.13.0.2	255.255.224.0
	B1	145.13.0.3	255.255.224.0
	C1	145.13.0.4	255.255.224.0
2 组	网关	145.13.32.1	255.255.224.0
	A2	145.13.32.2	255.255.224.0
	B2	145.13.32.3	255.255.224.0
	C2	145.13.32.4	255.255.224.0

2．确定网络的拓扑结构

实验所使用的家用路由器实际上是一个集成网络设备，一般集成了一个 5 口的交换机、一个 2 口的路由器、DHCP 服务器、防火墙和无线服务访问点等。因此，当进行本实验时，仅需 1 个家用路由器和 1 个交换机即可，网络拓扑结构如图 4 - 15 所示。

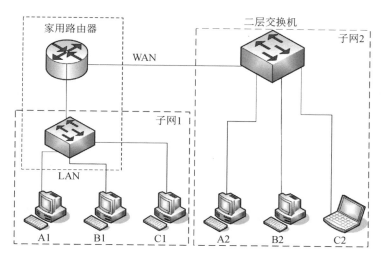

图 4 - 15　网络拓扑结构

3．搭建物理网络

根据步骤 2 设计的网络拓扑结构，用双绞线连接各主机和网络设备。

4．配置家用路由器

（1）为用于配置路由器的主机设置网络参数

家用路由器需要使用 IE 浏览器访问 LAN 口的 IP 登录配置界面进行配置，LAN 口的默认 IP 是"192.168.1.1"。由于 LAN 口实际上是通过交换机与主机相连的，因此应先在连接 LAN 的主机中任选一台，将其 IP 地址配置在 192.168.1.0 号段下。例如，将主机 A1 的 IP 地址设置为 192.168.1.2，子网掩码为 255.255.255.0。配置方法见"实验七 组建小型局域网"步骤 4。

（2）登录路由器配置界面

打开 IE 浏览器，在地址栏输入 IP 地址"192.168.1.1"，打开路由器登录界面，如图 4 - 16 所示。若为首次登录路由器配置界面，则系统会提示设置登录密码，如图 4 - 17 所示。对于部分路由器，首次登录时要求用户使用默认用户名和密码登录，一般默认用户名和密码均为 admin，用户可以在登录后打开修改密码窗口进行密码的修改。

图 4 - 16　路由器登录界面

图 4 - 17　路由器登录密码设置界面

注意：路由器的默认登录 IP 和用户名、密码一般写在路由器底部的标签上。若无法使用路由器的默认参数登录路由器设置界面，则考虑路由器设置被人为更改，可长按路由器后面板上的"reset"按钮 3～5 s，恢复路由器的出厂设置。松开按钮后路由器会自动重启。

（3）配置路由器参数

在本组网实验中，配置路由器参数主要是配置 WAN 口和 LAN 口的网络参数。

WAN 口参数设置：单击路由器设置界面左侧菜单栏中"网络参数"菜单项，在打开的级联菜单中选择"WAN 口设置"，打开"WAN 口设置"界面，在其中将"WAN 口连接类型"设置为"静态 IP"，在下方输入子网 2 的网关的 IP 地址和子网掩码，如图 4-18 所示，然后单击下方的"保存"按钮。

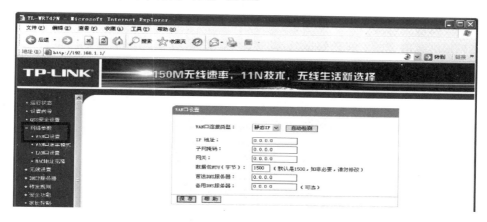

图 4-18　WAN 口参数设置

LAN 口参数设置：在"网络参数"的级联菜单中单击"LAN 口设置"超链接，打开"LAN 口设置"界面，在该界面中输入子网 1 的网关的 IP 地址和子网掩码，如图 4-19 所示，然后单击下方的"保存"按钮。此时路由器会自动重启。

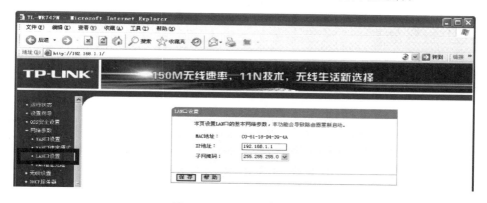

图 4-19　LAN 口参数设置

注意：路由器的设置界面是使用 LAN 口的 IP 地址进行登录的，在修改过 LAN 口参数重启后，若需再次登录路由器的设置界面，则应在 IE 浏览器的地址栏中输入新的 LAN 口的 IP 地址才能够成功打开登录界面。

5. 配置主机网络参数并测试连通性

根据步骤 1 的 IP 地址分配方案配置各主机的网络参数,注意每台主机都要配置网关,否则无法与另一组的主机通信。各主机配置完成后,使用 ping 命令测试网络的连通性。

需要特别注意的是,使用家用路由器进行组网实验只是模拟了路由器组建大型网络的功能,由于家用路由器内置了防火墙,网络数据能够从 LAN 口转发到 WAN 口,不能从 WAN 口转发到 LAN 口。因此,对于组网实验中所组成的网络,子网 1 的主机可以向子网 2 的任意一台主机发送数据,或访问其共享文件,但是子网 2 的所有主机都不能向子网 1 发送数据或访问其共享文件,也无法 ping 通子网 1 的主机。

【思考问题】

① 给定网络号段 192.168.0.0 和子网掩码 255.255.128.0,请划分 3 个子网,给出各子网的网络号段和子网掩码,要求子网号不能全为 0 或全为 1。

② 如果两个子网的 IP 地址分配正确,且子网内部主机可以互联,但是子网之间不能互联,那么试分析可能的网络故障原因。

【拓展实验】

使用普通家用路由器组建网络,实现 1 台主机共享文件给其他 4 台主机。

实验九　配置网络服务

【实验目的】

① 掌握 Web 服务配置方法。
② 掌握 DNS 服务配置方法。

【实验内容】

在各小组指定 1 台主机作为服务器、另外 2 台主机作为客户机搭建网络环境,满足如下条件:

① 将指定网页文件设置为服务器主页。
② 所有主机能够通过 IP 地址 192.168.1.1 访问该主页。
③ 所有主机能够通过域名 www.oec.mtn 访问该主页。
④ 客户机 IP 地址号段为 192.168.3.0,子网掩码为 255.255.255.0。

【实验材料与工具】

① 超五类非屏蔽双绞线若干。

② 路由器 1 个。

③ 计算机 3 台。

【实验步骤】

1. 确定拓扑结构

由于客户机和服务器的 IP 地址不在同一网络,因此需要使用路由器进行组网。实验所用家用路由器受内置防火墙的限制,连接 WAN 口的主机无法访问连接 LAN 口的主机,因此,若要使所有主机均能访问网络服务器,服务器必须连接 WAN 口,网络的拓扑结构如图 4 - 20 所示。

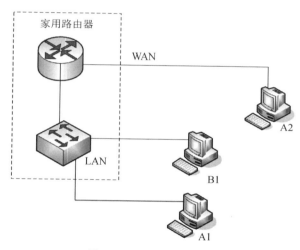

图 4 - 20　网络拓扑结构

2. 配置 Web 服务

根据上述分析,主机 A2 应为服务器,因此,主机 A2 应使用 Windows Server 操作系统。本实验使用的服务器版本为 Windows Server 2000。

(1) 安装 Web 服务器组件

选择"开始"→"控制面板"→"添加或删除程序"菜单项,打开"添加或删除程序"窗口,如图 4 - 21 所示,单击左侧的"添加/删除 Windows 组件"按钮,弹出"Windows 组件向导"对话框,如图 4 - 22 所示;在"组件"列表框中选中"应用程序服务器"前的复选框,单击"详细信息"按钮,弹出"应用程序服务器"对话框,如图 4 - 23 所示;在"应用程序服务器"列表框中选中"Internet 信息服务 (IIS)"前的复选框,单击"详细信息"按钮,弹出"万维网服务"对话框,如图 4 - 24 所示;在"万维网服务的子组件"列表框中选中"万维网服务"前的复选框,依次单击"确定""下一步"按钮开始安装 Web 服务器组件。

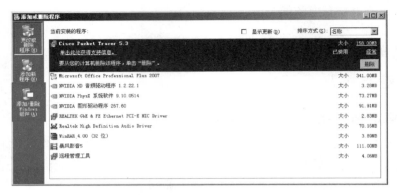

图 4 - 21 "添加或删除程序"窗口

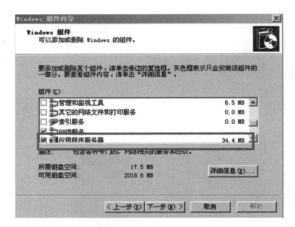

图 4 - 22 "Windows 组件向导"对话框

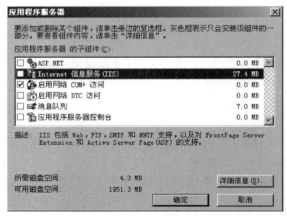

图 4 - 23 "应用程序服务器"对话框

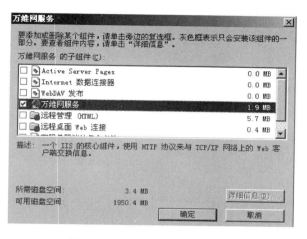

图 4 - 24　"万维网服务"对话框

（2）创建 Web 服务器

创建 Web 服务器可以通过修改 IIS 默认的 Web 站点属性来实现，具体操作步骤如下：

① 选择"开始"→"管理工具"→"Internet 信息服务（IIS）管理器"菜单项，打开 IIS 管理器主界面，如图 4 - 25 所示。在左窗格中展开"网站"控制树，右击"默认网站"，在弹出的菜单中选择"属性"命令，弹出"默认网站属性"对话框，如图 4 - 26 所示。

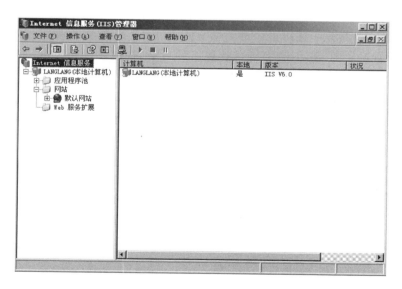

图 4 - 25　"Internet 信息服务（IIS）管理器"窗口

② 在"网站"选项卡的"描述"文本框中可以为网站取一个标识名称;在"IP 地址"下拉列表中选中与局域网连接的网卡的 IP 地址;由于 HTTP 协议使用 80 号端口,因此在"TCP 端口"文本框中输入 80,如图 4-26 所示。

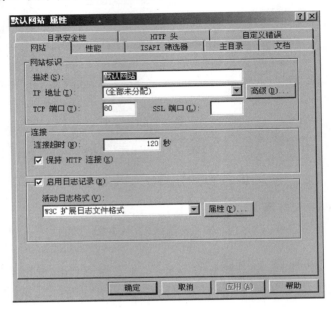

图 4-26 "默认网站 属性"对话框

③ 在"主目录"选项卡中指定网站 Web 内容的来源。主目录是存放网站文件的文件夹,在这个主目录下还可以任意创建子目录。因为通常 Web 服务器的主目录都位于本地磁盘系统中,所以选中"此计算机上的目录"选项。然后单击"本地路径"文本框后面的"浏览"按钮,选择网站文件所在文件夹,如图 4-27 所示。

如果网站要建立在联网的其他计算机上,则应选中"另一台计算机上的共享"选项;如果要在因特网的某台服务器上建立网站,则选中"重定向到 URL"选项。

④ 在"文档"选项卡中设置默认的主页文件。当省略 URL 中的文件名时,访问网站的默认主页,默认主页的选择是从默认主页文本框中自上而下依次在主目录中查找的,第一个被找到的网页文件即作为默认主页显示。可以单击"添加"按钮添加任何一个自己的网页,也可以单击"删除"按钮删除已经设置的网页和系统默认的Default.htm、Dfault.asp、index.htm、iisstart.asp 等网页的默认网页属性。选中文本框中的一个主页文件名,可通过单击"上移"或"下移"按钮来调整默认主页的查找顺序,如图 4-28 所示。

除了使用 IIS 默认的 Web 站点外,也可以新建自己的 Web 站点。具体方法如下:在"Internet 信息服务(IIS)管理器"窗口的左窗格中右击"网站",在弹出的菜单中选择"新建"→"网站"菜单项,如图 4-29 所示,打开网站创建向导。根据网站创建向

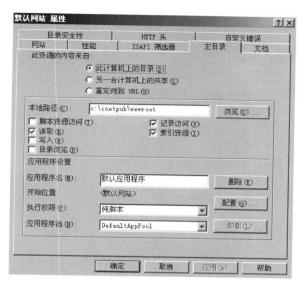

图 4-27 "主目录"选项卡设置

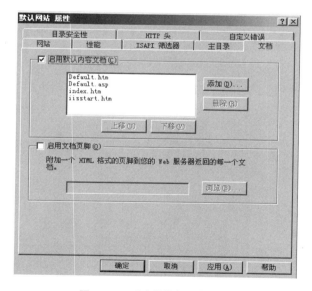

图 4-28 "文档"选项卡设置

导的提示,在"网站描述"界面的"描述"文本框中输入网站名称,如图 4-30 所示;在 "IP 地址和端口设置"界面配置 Web 站点的 IP 地址和该站点所使用的端口,如 图 4-31 所示;在"网站主目录"界面设置网站文件的存储路径,如图 4-32 所示。网 站创建结束后,可以通过设置属性的办法设置默认主页或对网站的参数进行修改。

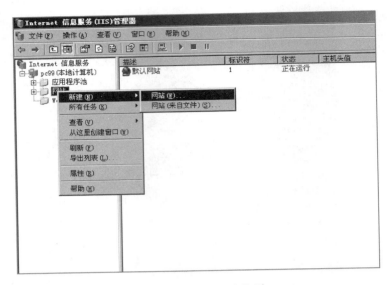

图 4 - 29　新建网站菜单

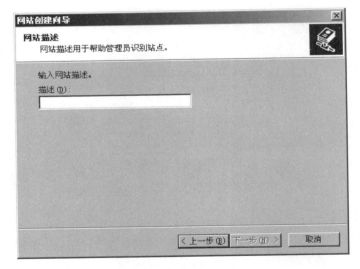

图 4 - 30　"网站描述"界面

3. 配置 DNS 服务

搭建 DNS 服务器的软件有很多,Windows Server 2003 操作系统就带有 DNS 服务器组件。在默认情况下,系统中并没有安装该组件,需要用户手动安装。

(1) 安装 DNS 服务器组件

选择"开始"→"控制面板"→"添加或删除程序"菜单项,打开"添加或删除程序"窗口,单击左侧的"添加/删除 Windows 组件"按钮,弹出"Windows 组件向导"对话

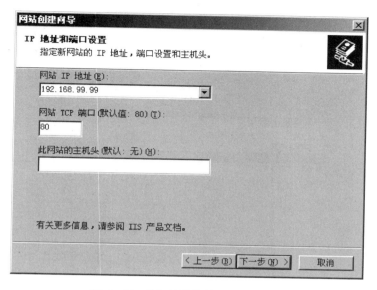

图 4 - 31　"IP 地址和端口设置"界面

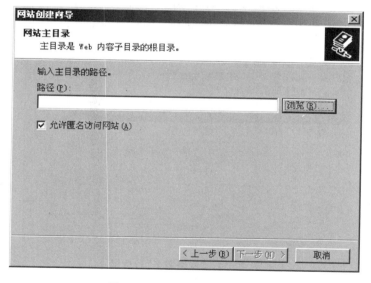

图 4 - 32　"网站主目录"界面

框,如图 4 - 33 所示,在"组件"列表框中双击"网络服务"选项,弹出"网络服务"对话框。在"网络服务的子组件"列表框中选中"域名系统(DNS)"前的复选框,如图 4 - 34 所示,依次单击"确定""下一步"按钮开始安装 DNS 服务器组件。

(2)创建 DNS 解析区域

选择"开始"→"管理工具"→"DNS"菜单项,打开 dnsmgmt 控制台窗口,如

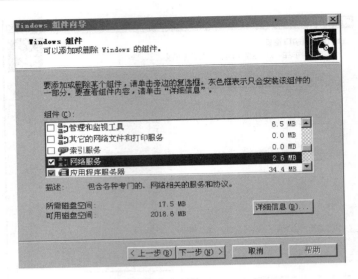

图 4 – 33 "Windows 组件向导"对话框

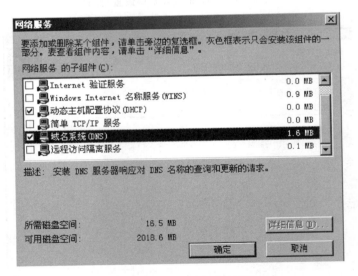

图 4 – 34 "网络服务"对话框

图 4 – 35 所示。在左侧窗格中右击"正向查找区域",在弹出的快捷菜单中选择"新建区域"命令,如图 4 – 36 所示,打开"配置 DNS 服务器向导"对话框。

① 在"配置 DNS 服务器向导"对话框的欢迎界面中单击"下一步"按钮,打开"选择配置操作"界面,如图 4 – 37 所示。在默认情况下,适合小型网络使用的"创建正向查找区域(适合小型网络使用)"前的单选按钮处于被选中状态,单击"下一步"按钮,打开"主服务器位置"界面,如图 4 – 38 所示。

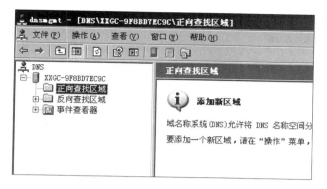

图 4 - 35　dnsmgmt 控制台窗口

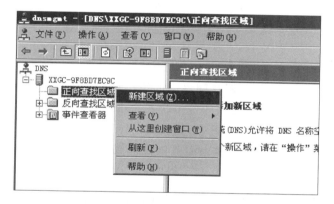

图 4 - 36　"正向查找区域"快捷菜单

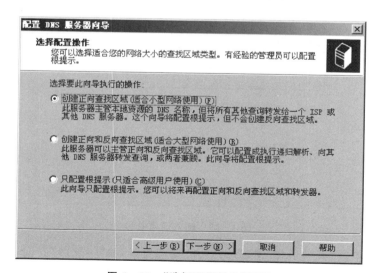

图 4 - 37　"选择配置操作"界面

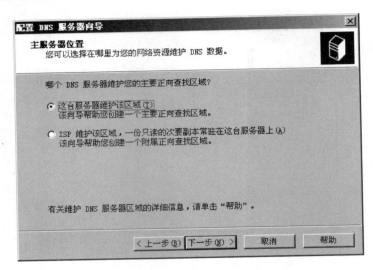

图 4-38 "主服务器位置"界面

② 若所部署的 DNS 服务器是网络中的第一台 DNS 服务器,则应该保持"这台服务器维护该区域"前的单选按钮的选中状态。将该 DNS 服务器作为主 DNS 服务器使用,并单击"下一步"按钮,打开"新建区域向导"对话框。

③ 在"区域名称"文本框中输入需要设置的域名,例如 oec.mtn,如图 4-39 所示,单击"下一步"按钮,打开"区域文件"界面。

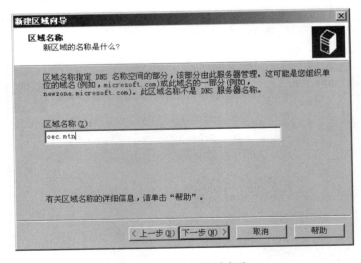

图 4-39 输入区域名称

④ 依次单击"下一步"按钮,先后打开"动态更新"和"转发器"界面,最后弹出"正在完成配置 DNS 服务器向导"界面,如图 4-40 所示,单击"完成"按钮,结束配置 DNS 服务器向导。

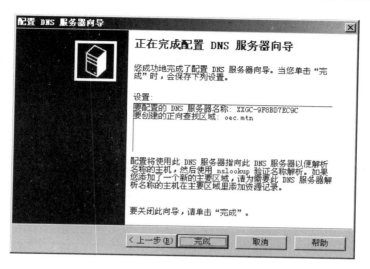

图 4-40　完成配置 DNS 服务器向导

（3）创建域名

向导成功创建了 oec. mtn 区域，还需要在其基础上创建指向不同主机的域名才能提供域名解析服务。具体操作步骤如下：

① 选择"开始"→"管理工具"→"DNS"菜单项，打开 dnsmgmt 控制台窗口。

② 在左侧窗格中依次展开服务器名→"正向查找区域"目录，然后右击 oec. mtn 区域，从弹出的快捷菜单中选择"新建主机"命令，如图 4-41 所示，打开"新建主机"对话框，如图 4-42 所示。

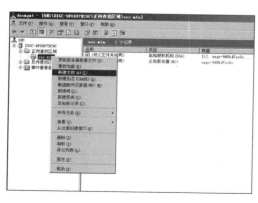

图 4-41　执行"新建主机"命令

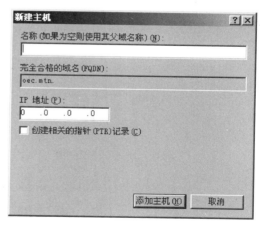

图 4-42　"新建主机"对话框

③ 在"名称"文本框中输入一个能代表该主机所提供服务的名称，如在本例中输入"www"；在"IP 地址"文本框中输入该主机的 IP 地址，例如本例使用"192.168.1.1"，

如图 4-43 所示。单击"添加主机"按钮,很快就会提示已经成功创建了主机记录,如图 4-44 所示,单击"确定"按钮结束创建。

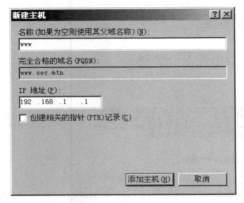

图 4-43　创建主机记录　　　　　　　图 4-44　成功创建主机记录

4. 设置客户机网络参数

用户需要手动设置 DNS 服务器的 IP 地址。在客户端"Internet 协议版本 4 (TCP/IPv4)属性"对话框的"首选 DNS 服务器"文本框中设置 DNS 服务器的 IP 地址,例如 192.168.1.1,如图 4-45 所示。

图 4-45　设置客户端 DNS 服务器地址

【思考问题】

① 试分析通过网页和共享文件夹两种方式实现资源共享各有什么利弊。

② 如果能够通过 IP 地址访问某网页,但是不能通过域名访问该网页,那么试分析可能的网络故障原因。

【拓展实验】

某单位构建内部网络,要求 7 台主机能够同时通过域名访问该单位网站,且该单位的 Web 服务和 DNS 服务分别部署在两台主机上。请选择恰当的网络设备,设计网络拓扑结构,组建该单位内部网络。

实验十　单交换机 VLAN 配置

【实验目的】

① 验证交换机 VLAN 配置过程。
② 验证每一个 VLAN 为独立的广播域。
③ 验证属于同一个 VLAN 的终端之间的通信过程。
④ 验证属于不同 VLAN 的终端之间不能通信。
⑤ 验证转发项和 VLAN 之间的对应关系。

【实验内容】

① 建立网络连接。
② 依次进行下列 MAC 帧传输:
• 终端 A→终端 B。
• 终端 B→终端 A。
• 终端 E→终端 B。
• 终端 B→终端 E。
• 终端 B 发送广播帧。
• 终端 F→终端 E。
③ 针对每次 MAC 帧传输过程,记录转发表的变化过程及 MAC 帧到达的终端。

【实验材料与工具】

① 计算机 1 台。
② 网络模拟软件 Packet Tracer 1 套。

【实验步骤】

1. 连接网络

启动 Packet Tracer 软件,按如图 4-46 所示的结构连接网络。

2. 验证交换机的广播域

进入模拟操作模式,利用各终端互相发送 ICMP 报文,验证默认情况下交换机所有端口属于同一个广播域。

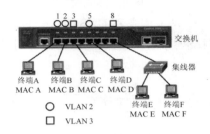

图 4-46 网络连接示意

3. 配置 VLAN

进入实时操作模式,选择交换机的图形配置接口(Config),单击"VLAN Database",进行交换机的 VLAN 配置,如图 4-47 所示。配置参考信息如表 4-3 所列。

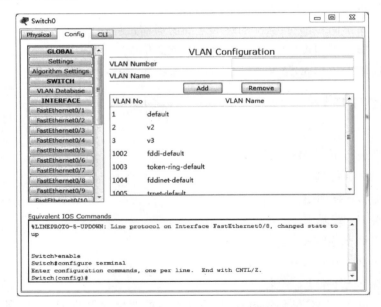

图 4-47 交换机 VLAN 配置界面

表 4-3 VLAN 配置参考信息

VLAN	名　称	接入端口
VLAN2	V2	1,2,5
VLAN3	V3	3,8

4. 验证 VLAN

进入模拟操作模式,打开交换机的 MAC 表,如图 4 - 48 所示。分别实现终端 A→终端 B、终端 B→终端 A、终端 E→终端 B、终端 B→终端 E、终端 B 发送广播帧、终端 F→终端 E 的 ICMP 报文的传输,并实时观察 MAC 表的变化情况。

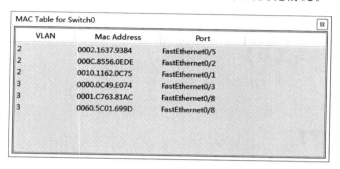

MAC Table for Switch0		
VLAN	**Mac Address**	**Port**
2	0002.1637.9384	FastEthernet0/5
2	000C.8556.0EDE	FastEthernet0/2
2	0010.1162.0C75	FastEthernet0/1
3	0000.0C49.E074	FastEthernet0/3
3	0001.C763.81AC	FastEthernet0/8
3	0060.5C01.699D	FastEthernet0/8

图 4 - 48　MAC 表结构

【思考问题】

① 为什么配置 VLAN 不从 VLAN1 开始配置?
② 为什么 VLAN 能够隔离广播域?

【拓展实验】

利用 Packet Tracer 软件实现一个交换机配置三个及以上 VLAN,并尝试利用网络命令实现。

实验十一　跨交换机 VLAN 配置

【实验目的】

① 培养对复杂交换式以太网的设计能力。
② 掌握跨交换机 VLAN 划分的方法。
③ 验证接入端口和共享端口之间的区别。
④ 验证 802.1Q 标准 MAC 帧格式。
⑤ 验证属于同一个 VLAN 的终端之间的通信过程。
⑥ 验证属于不同 VLAN 的两个终端之间不能通信。

【实验内容】

① 建立网络连接。

② 划分 VLAN。

③ 保证同一个 VLAN 内的终端之间可以相互通信,不同 VLAN 的终端之间不能通信。

【实验材料与工具】

① 计算机 1 台。

② 网络模拟软件 Packet Tracer 1 套。

【实验步骤】

1. 连接网络

启动 Packet Tracer 软件,按如图 4 - 49 所示的结构连接网络。

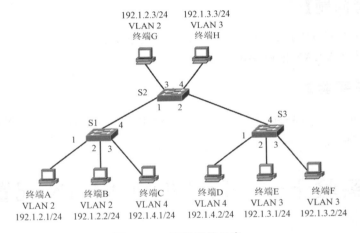

图 4 - 49   网络连接示意

2. 配置 VLAN

按照如表 4 - 4 所列内容分别创建交换机 S1、S2 和 S3 的 VLAN。需要注意,共享端口的模式为 Trunk。

表 4 - 4   交换机 VLAN 与端口映射

交换机	VLAN	接入端口	共享端口
S1	VLAN2	1，2	4
	VLAN4	3	4

续表 4 - 4

交换机	VLAN	接入端口	共享端口
S2	VLAN2	3	1
	VLAN3	4	2
	VLAN4		1,2
S3	VLAN3	2,3	4
	VLAN4	1	4

3. 验证 VLAN

在实时操作模式下,利用简单报文工具进行相同 VLAN 的终端之间以及不同 VLAN 的终端之间的数据报文传送,并观察报文发送的成败情况。

4. 查看 MAC 帧

在仿真操作模式下,在不同终端之间传送 ICMP 报文,并查看 802.1Q 标准 MAC 帧的格式,如图 4 - 50 所示。

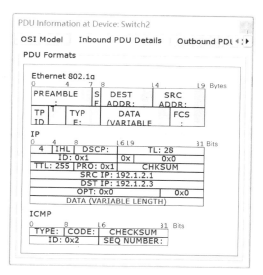

图 4 - 50　802.1Q 标准 MAC 帧格式

【思考问题】

① 在划分 VLAN 之后,不同 VLAN 的终端还属于同一个局域网吗?
② 怎么才能实现不同 VLAN 之间的终端互通?

【拓展实验】

针对该实验,利用网络命令重新划分 VLAN。

实验十二　基本服务集

【实验目的】

① 验证基本服务集的通信区域。

② 验证终端与 AP 之间建立关联的过程。

【实验内容】

① 构建基本服务集。

② 安装终端无线网卡。

③ 实现基本服务集终端之间的通信。

【实验材料与工具】

① 计算机 1 台。

② 网络模拟软件 Packet Tracer 1 套。

【实验步骤】

1. 连接网络

启动 Packet Tracer 软件,按如图 4-51 所示的结构连接网络。注意,当进行无线网络连接时,尽量切换到物理工作区,如图 4-52 所示,以确保终端处于 AP 的信号覆盖范围内。终端如果没有无线网卡,则需要增加无线网卡模块。

2. 配置 AP

对 AP 的 SSID 和授权方式进行设置,如图 4-53 所示。

3. 设置终端参数

根据 AP 的设置,设置终端的相应参数,如图 4-54 所示。

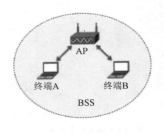

图 4-51　网络连接示意

4. 查看数据传输过程

切换到逻辑工作区,启动终端之间的数据报文传输,观察数据的传输过程。

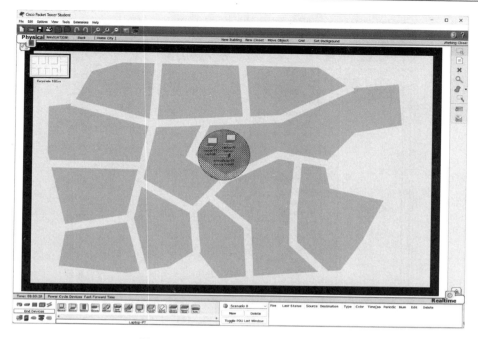

图 4 - 52 连接无线网络的物理工作区

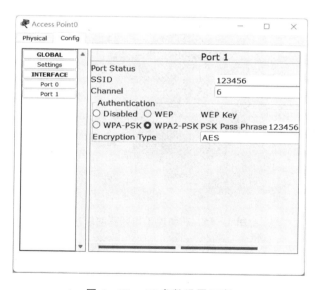

图 4 - 53 AP 参数设置示意

5. 验证 AP 信号覆盖

切换到物理工作区,通过移动终端的位置观察网络的连通情况,如图 4 - 55 所示。

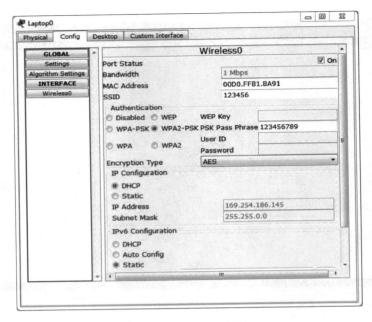

图 4－54　终端配置界面

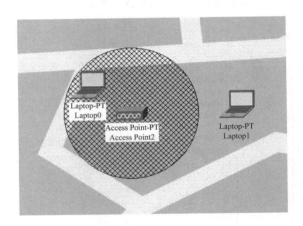

图 4－55　在物理工作区移动终端

【思考问题】

利用 Packet Tracer 组建无线网络重点需要注意什么?

【拓展实验】

利用两个 AP 组建无线局域网。

实验十三　无线局域网与以太网互联

【实验目的】

① 验证 AP 完成无线局域网 MAC 帧格式与以太网 MAC 帧格式相互转换的过程。

② 验证无线局域网和以太网中终端之间的通信过程。

【实验内容】

① 构建无线局域网和以太网。

② AP 实现无线局域网和以太网互联。

③ 查看无线 MAC 帧和以太网 MAC 帧转换过程。

④ 查看交换机转发表内容变化过程。

【实验材料与工具】

① 计算机 1 台。

② 网络模拟软件 Packet Tracer 1 套。

【实验步骤】

1．连接网络

启动 Packet Tracer 软件，按如图 4 - 56 所示的结构连接网络。

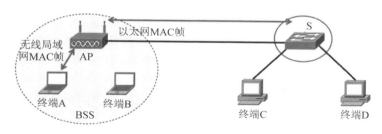

图 4 - 56　网络连接示意

2．配置 AP

对 AP 的 SSID 和授权方式进行设置。

3. 配置终端

对终端进行设置,将所有终端都设置到一个局域网中。

4. 观察数据传输过程

启动终端之间的数据报文传输,观察数据的传输过程。

【思考问题】

为什么 AP 能够实现无线网与有线网的互联?

【拓展实验】

利用多个终端重复上述实验,并在物理工作区改变 AP 和交换机的距离,查看网络连通情况。

实验十四　扩展服务集

【实验目的】

① 验证基本服务集的通信区域。

② 验证终端与 AP 之间建立关联的过程。

③ 验证无线局域网 MAC 帧格式和地址字段值。

④ 验证 Windows 的自动私有 IP 地址分配(APIPA)机制。

⑤ 验证 AP 完成无线局域网 MAC 帧格式与以太网 MAC 帧格式相互转换的过程。

⑥ 验证扩展服务集不同 BSS 中终端之间的通信过程。

【实验内容】

① 构建扩展服务集。

② 观察位于 BSS1 中的终端 A 和 BSS2 中的终端 F 之间的通信过程。

③ 观察无线局域网 MAC 帧格式。

④ 观察 AP 完成无线局域网 MAC 帧格式与以太网 MAC 帧格式相互转换的过程。

【实验材料与工具】

① 计算机 1 台。

② 网络模拟软件 Packet Tracer 1 套。

【实验步骤】

1. 连接网络

启动 Packet Tracer 软件,按如图 4 – 57 所示的结构连接网络。

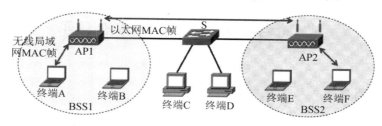

图 4 – 57　网络连接示意

2. 测试连通性

在逻辑工作区测试位于不同 BSS 之间的终端的连通性。

3. 在逻辑工作区测试漫游

在逻辑工作区移动终端,观察终端与 AP 之间的连接关系。终端与 AP 之间的连接关系不会随着位置的移动而改变。

4. 在物理工作区测试漫游

切换到物理工作区,将 AP1 信号覆盖范围内的终端移动到 AP2 信号覆盖范围内,再切换到逻辑工作区查看终端和 AP 的连接关系。

5. 查看 MAC 帧的变化情况

在仿真操作模式下,启动终端之间的 ICMP 报文传输,通过单步运行模式查看 MAC 帧的变化过程。

【思考问题】

在无线局域网与以太网互联中,MAC 帧的转换是由哪个网络设备来完成的?

【拓展实验】

利用多个 AP 和终端构建更复杂的网络。

第5章 多媒体技术

实验十五 制作证件照

【实验目的】

① 学会使用魔术棒、填充、曲线、裁剪等工具。
② 学会叠加图层、调整画布、自定义图案等。

【实验内容】

利用已有的照片素材制作一寸(2.5 cm×3.5 cm)证件照,效果如图5-1所示。

图5-1 证件照效果

【实验材料与工具】

① 一台计算机。
② Photoshop 软件。

【实验步骤】

1. 打开图像

同时按下键盘上的 Ctrl＋O 键(或选择"文件"→"打开"菜单项)打开将要用到的人像照片以及服装素材图像,如图5-2所示。

图 5-2　打开后的图像

2.　选择背景

用工具栏上的"魔术棒工具"框选出需要变换颜色的背景部分（适当调整容差，容差越小，框选越精准，可同时按住 Shift 键多次选择），如图 5-3 所示。

3.　填充背景

单击左侧菜单栏中的"前景色"按钮，设置前景色为蓝色（RGB 值分别为 3,143,228），如图 5-4 所示。之后，单击左侧菜单栏中的"油漆桶工具"，再在选区内单击，如图 5-5 所示。

4.　调整亮度

同时按下键盘上的 Ctrl＋M 键（或选择"图像"→"调整"→"曲线"菜单项）打开"曲线"来调整曝光值，在曲线中间稍微向上提拉，如图 5-6 所示。

图 5 - 3 选取背景

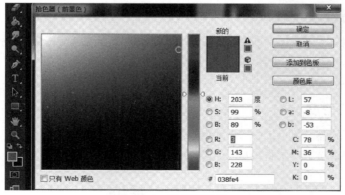

图 5 - 4 设置前景色

图 5 - 5　填充背景

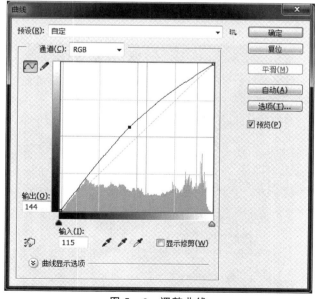

图 5 - 6　调整曲线

5．叠加服装

将服装图片中的"西装"图层复制到人像中作为一个新图层，并利用"编辑"→"变换"→"缩放"菜单项将"西装"图层调整到合适大小，如图 5－7 所示。

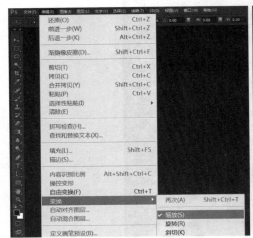

图 5－7　调整服装

6．裁减图像

单击工具栏上的"裁剪工具"，设置宽为 2.5 cm、高为 3.5 cm、分辨率为 300 像素/英寸（1 英寸＝2.54 cm）（若图像过大或过小则需将它调整到合适尺寸），框选出需要剪切保留的位置（使人物居正中），然后按上面的"√"按钮，以确认剪裁，如图 5－8 所示。

图 5－8　裁减图像

7．添加白边

选择"编辑"→"变换"→"缩放"菜单项,打开"画布大小"对话框,设置"宽度"为 0.2 cm、"高度"为 0.2 cm,选中"相对",将"画布扩展颜色"设为白色,如图 5 - 9 所示。

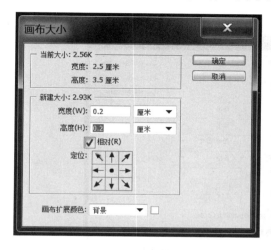

图 5 - 9　添加白边

8．定义图案

选择"编辑"→"自定义图案"菜单项,将图案命名为"小一寸",如图 5 - 10 所示。

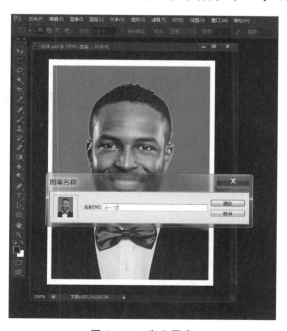

图 5 - 10　定义图案

9. 生成整版照片

同时按下键盘上的 Ctrl＋N 键（或选择"文件"→"新建"菜单项）新建空白图像，设置"宽度"为 11.6 cm、"高度"为 7.8 cm、"分辨率"为 300 像素/英寸，如图 5－11 所示。

图 5－11　新建空白图像

选择"编辑"→"填充"菜单项，使用图案，选择之前定义的"小一寸"图案，如图 5－12 所示。

图 5－12　选择填充图案

单击"确定"按钮，生成整版照片，如图 5－13 所示，将它保存成所需格式即可。

【思考问题】

① 如何将人像从复杂背景中抠出？

② 如何处理对比度过低的人像证件照？

图 5 – 13　整版照片

【拓展实验】

利用证件照制作一张背景为风景画的"老照片"。

实验十六　制作宣传海报

【实验目的】

① 学会使用快速选择工具、调整亮度/对比度/色相/饱和度/明度等。

② 学会设置图层混合模式、用蒙版实现渐变。

③ 学会输入文字并改变文字大小、水平与垂直缩放、调整间距，以及设置描边、投影等图层样式。

【实验内容】

利用已有的照片素材制作一张保护水源的宣传海报，效果如图 5 – 14 所示。

【实验材料与工具】

① 一台计算机。

② Photoshop 软件。

图 5 - 14 海报效果

【实验步骤】

1．打开图像

同时按下键盘上的 Ctrl＋O 键(或选择"文件"→"打开"菜单项)依次打开素材图像,如图 5 - 15 所示。

2．调整背景图色彩

单击工具栏上的"快速选择工具",在图像中拖动鼠标,将"土地"部分选中,如图 5 - 16 所示。

选择"图像"→"调整"→"亮度/对比度"菜单项,打开"亮度/对比度"对话框,将"亮度"调整为－100,如图 5 - 17 所示。

选择"图像"→"调整"→"色相/饱和度"菜单项,打开"色相/饱和度"对话框,将"饱和度"调整为＋50,如图 5 - 18 所示。

利用工具栏上的"快速选择工具",将图像中的"天空"部分选中(参考"土地"部分)。选择"图像"→"调整"→"色相/饱和度"菜单项,打开"色相/饱和度"对话框,设置"饱和度"为＋35、"明度"为－20,选中"着色",如图 5 - 19 所示。

利用工具栏上的"快速选择工具",将图像中间的"植被"部分选中(参考"土地"部分)。将"亮度"调整为－120,如图 5 - 20 所示。

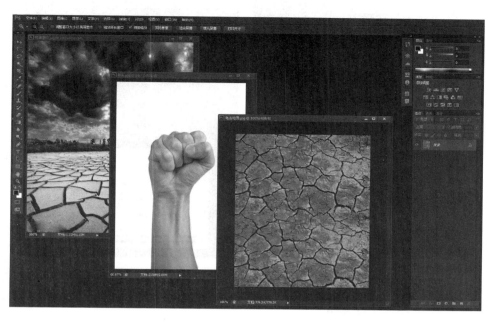

图 5 – 15　打开素材图像

图 5 – 16　选中"土地"部分

图 5 – 17　调整亮度

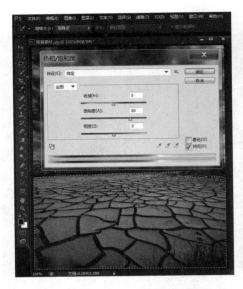

图 5-18　设置"土地"色相/饱和度　　　图 5-19　设置"天空"色相/饱和度

3. 绘制黑色"孔洞"

利用工具栏上的"磁性套索工具",在背景图像中选出一部分龟裂土地,如图 5-21 所示。

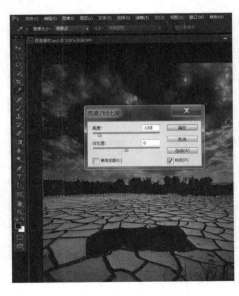

图 5-20　设置"植被"亮度　　　　　图 5-21　框选出"孔洞"选区

选择"编辑"→"填充"菜单项,打开"填充"对话框,使用黑色填充,单击"确定"按钮,如图 5 - 22 所示。

图 5 - 22　填充"孔洞"

4. 制作"龟裂拳头"

用工具栏上的"魔术棒工具"框选出拳头的背景,并将它填充为黑色,如图 5 - 23 所示。

将"龟裂地面"图片作为一个新图层复制到"拳头"上,并通过选择"编辑"→"变换"→"缩放"菜单项将它调整到合适大小,如图 5 - 24 所示。

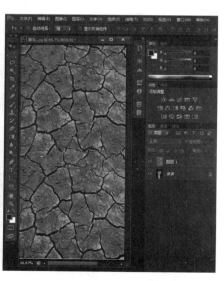

图 5 - 23　填充背景　　　　　　图 5 - 24　复制"龟裂地面"图层

在"图层"标签页中选择"线性加深"图层混合模式,如图 5-25 所示。

在"图层"标签页面中设置"不透明度"为 70%,如图 5-26 所示。

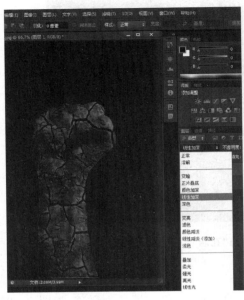
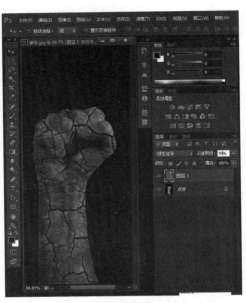

图 5-25   设置"线性加深"图层混合模式   图 5-26   设置"不透明度"

5. 合并"拳头"到"背景"

将编辑好的"龟裂拳头"图片作为一个新图层复制到"背景"图上,并通过选择"编辑"→"变换"→"缩放"菜单项将它调整到合适大小,如图 5-27 所示。

用工具栏上的"橡皮擦工具"将"手臂"下半部分擦除,如图 5-28 所示。

图 5-27   将"拳头"复制到"背景"   图 5-28   将"手臂"下半部分擦除

在"图层"标签页单击"拳头"图层,再单击下方的"蒙版"按钮,为该图层创建一个蒙版,如图 5 - 29 所示。

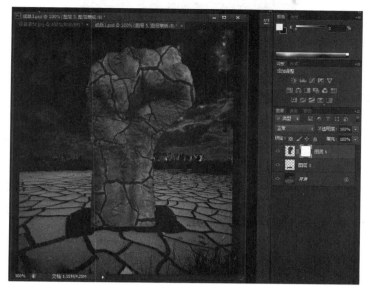

图 5 - 29　创建蒙版

单击工具栏上的"渐变工具",随后在上方状态栏中单击"渐变编辑器",将渐变状态设置成"左白右黑",如图 5 - 30 所示。

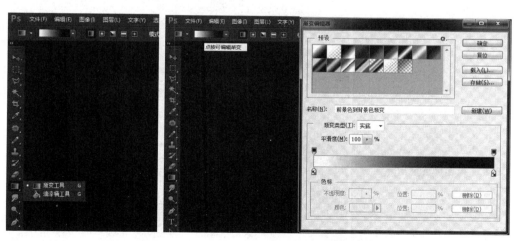

图 5 - 30　设置"渐变工具"

单击之前创建的蒙版,并在"拳头"图层下半部自上而下拖动鼠标,使"拳头"图层与背景形成渐变效果,如图 5 - 31 所示。

图 5 - 31   实现渐变效果

6. 添加文字

单击工具栏上的"横排文字工具",并在顶部状态栏中设置字体为 Algerian、大小为 60 点,如图 5 - 32 所示。

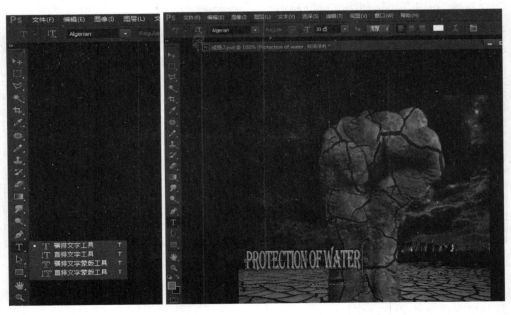

图 5 - 32   添加文字

单击顶部状态栏中的"字符"按钮,在出现的属性设置框中进行详细设置。设置垂直缩放为 210%、水平缩放为 90%、字符间距为 −60,如图 5-33 所示。

图 5-33　设置"字符"属性

选中文字图层,在"图层"标签页下方单击"图层样式"按钮,打开设置对话框,选中"描边""投影",具体参数如图 5-34、图 5-35 所示。

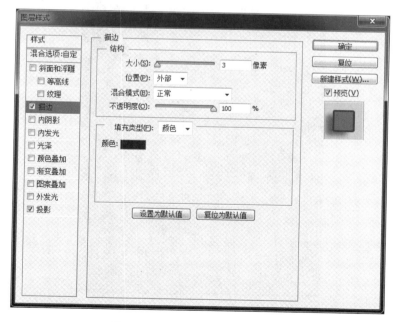

图 5-34　设置图层样式——描边

单击"确定"按钮,生成整版照片,如图 5-36 所示,将它保存成所需格式即可。

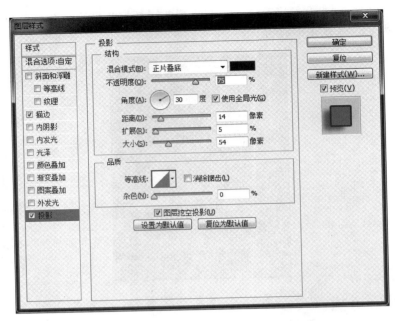

图 5 - 35　设置图层样式——投影

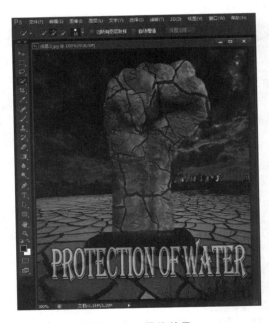

图 5 - 36　最终效果

【思考问题】

① 如果不用"图层混合模式"还可以用什么方法实现类似的"龟裂拳头"效果？
② 如何利用"阿尔法通道"实现图层渐变？

【拓展实验】

从互联网上下载近期电影的素材，并模仿相关样图制作一幅电影海报。

实验十七　人像美颜

【实验目的】

① 学会使用污点修复工具、复制图层并设置名称。
② 学会运用 Camera Raw 和高反差保留等滤镜、设置图层混合模式。
③ 学会通过创建"组"为多个图层添加同一蒙版、利用画笔改变蒙版特定区域的透明度。

【实验内容】

对已有的人像照片进行美颜(磨皮)，效果对比如图 5 - 37 所示。

(a) 原始照片　　　　　　　　　(b) 处理后照片

图 5 - 37　效果对比

【实验材料与工具】

① 一台计算机。

② Photoshop 软件。

【实验步骤】

1. 打开图像

同时按下键盘上的 Ctrl＋O 键（或选择"文件"→"打开"菜单项）打开原图图像，如图 5-38 所示。

2. 复制一个图层

右击原图层，选择"复制图层"选项，并将新复制的图层改名为"粗修"，如图 5-39 所示。

图 5-38　打开原图

图 5-39　复制图层

3. 修复明显瑕疵

在工具栏中选择"污点修复画笔工具"，并在顶部工具栏中设置合适参数（与"画笔""橡皮"等工具类似），如图 5-40 所示。

按住鼠标左键，在"粗修"图层几处明显的瑕疵处进行"涂抹"，如图 5-41 所示。

处理前后的对比如图 5-42 所示。

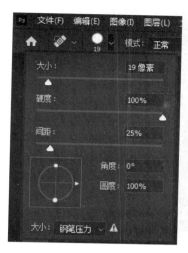

图 5 - 40　设置"污点修复画笔"参数

图 5 - 41　在瑕疵处"涂抹"

(a) 处理前

(b) 处理后

图 5 - 42　修复前后对比

4. 复制两个新图层

右击"粗修"图层,选择"复制图层"选项,并将新复制的图层改名为"颜色"。重复该步,并将新复制的图层更名为"纹理",如图 5 - 43 所示。

5. 运用"Camera Raw"滤镜

隐藏"纹理"图层,并选中"颜色"图层,如图 5 - 44 所示。

图 5-43　复制两个新图层　　　　　　图 5-44　选中"颜色"图层

　　选择"滤镜"→"Camera Raw 滤镜"菜单项，在弹出界面右侧设置相应参数（"高光"为－60，"阴影"为＋30，"纹理"为－100，"清晰度"为－70），如图 5-45 所示。设置好之后单击右下方的"确定"按钮。

图 5-45　设置"Camera Raw 滤镜"参数

6. 运用"高反差保留"滤镜

显示并选中"纹理"图层,选择"滤镜"→"其他"→"高反差保留"菜单项,在弹出界面中设置相应参数("半径"为 0.8 像素),如图 5 - 46 所示。设置好之后单击右侧的"确定"按钮。

图 5 - 46　设置"高反差保留"滤镜参数

在图层混合模式中选择"点光"选项,如图 5 - 47 所示。

图 5 - 47　设置"点光"混合模式

7. 创建"组"

按住 Ctrl 键,同时选中"颜色"和"纹理"两个图层,单击图层标签页右下方的"创建新组"按钮,并将组名称设置为"磨皮",如图 5 - 48 所示。

8. 创建蒙版

选中"磨皮"组,单击右下方的"添加图层蒙版"按钮,为"磨皮"组添加蒙版,如图 5 - 49 所示。

图 5 - 48　创建"组"

图 5 - 49　创建蒙版

双击刚刚创建的蒙版,在弹出的界面中单击右下方的"反相"按钮,将蒙版设置成黑色,如图 5 - 50、图 5 - 51 所示。该步骤亦可通过选择"编辑"→"填充"菜单项的方式将蒙版设置成黑色。

此时,"纹理"和"颜色"图层因蒙版被设置成黑色而变得完全"透明",图像显示区域的预览图像将呈现"粗修"图层的效果,如图 5 - 52 所示。

9. 用"画笔"实现磨皮

在工具栏中选择"画笔工具",并在顶部工具栏中设置合适参数,如图 5 - 53 所示。

在工具栏中将前景色设置为纯白色(RGB 值均为 255),并确保上一步创建的蒙版被选中,用"画笔"在图像需要磨皮的区域进行"涂抹"(实际上,该步骤相当于是在绘制蒙版),如图 5 - 54 所示。注意避开人物眼睛、头发、眉毛等不需要磨皮处理的区域。

图 5 - 50　设置蒙版属性

图 5 - 51　将蒙版设置成黑色

图 5 - 52　"粗修"图层预览

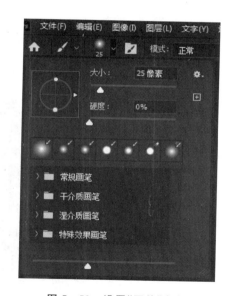

图 5 - 53　设置"画笔"参数

　　在此过程中,如果"画笔"的区域超出了期望边界,则可将"画笔"颜色改成黑色,并重新将该区域涂成白色。此外,还可根据具体情况灵活改变"画笔"的粗细,直至达到满意效果。美颜前后的效果对比如图 5 - 55 所示。

图 5 - 54 用"画笔"绘制磨皮区域

(a) 处理前

(b) 处理后

图 5 - 55 美颜前后的效果对比

【思考问题】

① "高反差保留"滤镜的主要作用是什么？

② 除用"画笔"外，如何用其他方法实现蒙版的局部透明？

【拓展实验】

利用手机自拍一张照片，参考上述方法并结合图像的亮度、对比度、曲线等调整功能实现美颜效果。

实验十八　照片修正

【实验目的】

① 学会使用钢笔、旋转等工具。

② 学会利用功能改变图层形状。

③ 学会调整图像亮度/饱和度、利用 USM 滤镜对图像进行锐化。

【实验内容】

从已有的照片素材中提取部分图片进行转正、放大以及增强等处理，如图 5－56 所示。

(a) 原图像

(b) 处理后图像

图 5－56　最终效果

【实验材料与工具】

① 一台计算机。

② Photoshop 软件。

【实验步骤】

1. 打开图像

同时按下键盘上的 Ctrl＋O 键（或选择"文件"→"打开"菜单项）打开原图像，如图 5-57 所示。

图 5-57　打开素材图像

2. 用"钢笔"抠图

在工具栏中选择"钢笔工具"，依次单击"猫"照片的四个角，建立一个封闭路径，如图 5-58 所示。

在封闭路径区域内右击，在弹出的菜单中选择"建立选区"选项（"羽化半径"为 0 像素），如图 5-59 所示。

建立选区后，同时按下 Ctrl＋C 键将选区内图像复制到剪切板。而后新建一个空白图像，同时按下 Ctrl＋V 键将抠出的"猫"图像粘贴到其中，并将新图层改名为"猫"，如图 5-60 所示。

3. 旋转图层

在图层标签页选中"猫"图层，选择"编辑"→"变换"→"旋转"菜单项，将鼠标移动至图层右上角处，当鼠标变为弧形双箭头后，按住鼠标左键向左缓慢滑动，将"猫"图层旋转至垂直状态，如图 5-61 所示。

图 5 - 58　建立封闭路径

图 5 - 59　建立选区

图 5 - 60　抠出的"猫"图像　　　　图 5 - 61　旋转后的"猫"图层

4. 放大图像

在图层标签页选中"猫"图层，选择"编辑"→"变换"→"拉伸"菜单项，将鼠标移动至边框处，当鼠标变为直线双箭头后，按住鼠标左键向外缓慢拉伸，将"猫"图层填满整个图像，如图 5-62 所示。

选择"图像"→"图像大小"菜单项，在弹出的对话框中输入相关参数（"宽度"为 471 像素，"高度"为 672 像素，均为原数值的 3 倍），并单击下方的"确定"按钮，如图 5-63 所示。

放大后，图像的面积为原来的 9 倍，图像放大前后对比如图 5-64 所示。

图 5-62 拉伸后的"猫"图层

5. 增强亮度

选择"图像"→"调整"→"亮度/对比度"菜单项，在弹出的对话框中输入相关参数（"亮度"为 50），并单击右上角的"确定"按钮，如图 5-65 所示。处理前后的效果对比如图 5-66 所示。

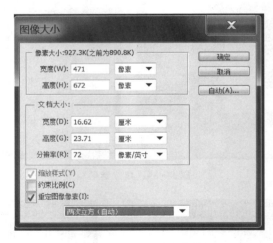

图 5-63 设置放大参数

6. 增强饱和度

选择"图像"→"调整"→"色相/饱和度"菜单项，在弹出的对话框中输入相关参数（"饱和度"为 30），并单击右上角的"确定"按钮，如图 5-67 所示。处理前后的效果对比如图 5-68 所示。

(a) 放大前　　　　　　　　(b) 放大后

图 5 - 64　图像放大前后对比

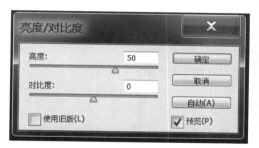

图 5 - 65　设置"亮度"参数

(a) 增强前　　　　　　(b) 增强后

图 5 - 66　图像亮度增强前后对比

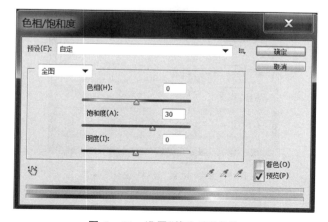

图 5 - 67　设置"饱和度"参数

(a) 增强前   (b) 增强后

图 5-68　饱和度增强前后对比

7. USM 锐化

选择"滤镜"→"锐化"→"USM 锐化"菜单项,在弹出的对话框中输入相关参数("数量"为 150%,"半径"为 3 像素),并单击右上角的"确定"按钮,如图 5-69 所示。处理前后的效果对比如图 5-70 所示。

图 5-69　设置"USM 锐化"参数

(a)　锐化前　　　　　　　　　(b)　锐化后

图 5 - 70　USM 锐化前后对比

【思考问题】

① 除介绍的方法外还可以用什么方法实现图像放大？

② 色相、对比度调整的作用是什么？

【拓展实验】

当用手机拍摄放在桌子上的文件或证件时，由角度和距离等因素而导致照片倾斜、模糊，参考上述方法对此类照片进行处理。

实验十九　透明景物的抠图

【实验目的】

① 学会利用 Apha 通道保存、载入选区。

② 学会综合运用钢笔、魔术棒及 Apha 通道对透明景物进行抠图。

【实验内容】

将婚纱照的蓝色背景替换为麦田背景，如图 5 - 71 所示。

【实验材料与工具】

① 一台计算机。

② Photoshop 软件。

(a) 合成前

(b) 合成后

图 5-71　合成前后效果对比

【实验步骤】

1. 打开图像

同时按下键盘上的 Ctrl＋O 键（或选择"文件"→"打开"菜单项）依次打开"婚纱照蓝背景""麦田"图像，如图 5-72 所示。

2. 人物轮廓的抠图

在工具栏中选择"魔术棒工具"，并在顶部工具栏设置好参数。单击"婚纱照蓝背景"图像的蓝色背景（可同时按住 Shift 键多次选择），将背景全部选中，如图 5-73 所示。

选择"选择"→"修改"→"羽化"菜单项，在弹出的对话框中输入相关参数（"羽化半径"为 3 像素），并单击右上角的"确定"按钮，如图 5-74 所示。按 Delete 键删除背景，如图 5-75 所示。

图 5-72 打开素材图像

图 5-73 选中人物背景

3. 新建 Alpha 通道

切换到"通道"标签页,选择"红"通道,右击"红"通道,选择"复制通道"选项,如图 5-76 所示。

在弹出的对话框中输入新通道名为"完整轮廓",如图 5-77 所示。单击右上角的"确定"按钮,此时在通道标签页下方会增加一个 Alpha 通道,如图 5-78 所示。

图 5-74 设置羽化半径

图 5-75 删除背景

图 5-76 选择"复制通道"选项

图 5-77 新通道命名

图 5-78 新增 Alpha 通道

4. 利用 Alpha 通道抠图

在"通道"标签页选中"RGB",而后在图像中右击,并在弹出的菜单中选择"载入选区"选项,如图 5 - 79 所示。

在弹出的对话框中的"通道"下拉框中选择"完整轮廓",如图 5 - 80 所示。单击右上角的"确定"按钮,如图 5 - 81 所示。

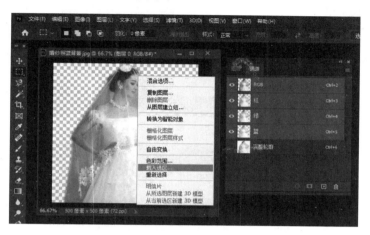

图 5 - 79　选择"载入选区"选项

图 5 - 80　设置"载入选区"参数

在工具栏中选择"移动工具",单击"人物"将它拖动到"麦田"图像中,并将新图层改名为"人物轮廓",如图 5 - 82 所示。

5. 用"钢笔"抠图

再次回到"婚纱照蓝背景"图像中,在工具栏中选择"钢笔工具",依次单击"人物"轮廓且避开透明头纱区域,即只选择不透明的部分,建立一个封闭路径,如图 5 - 83 所示。

图 5-81　载入选区后

图 5-82　人物轮廓抠图后的效果

图 5-83　建立封闭路径

在封闭路径区域内右击,在弹出的菜单中选择"建立选区"选项("羽化半径"为 0 像素),如图 5 - 84 所示。

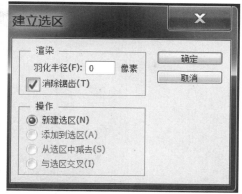

图 5 - 84　建立选区

在工具栏中选择"移动工具",单击"人物"将它拖动到"麦田"图像中,并与"人物轮廓"图层对应部分重合,将新图层改名为"人物",如图 5 - 85 所示,完成抠图。

图 5 - 85　完成抠图

6. 放大、移动图层

同时选中"人物""人物轮廓"两个图层,选择"编辑"→"变换"→"缩放"菜单项,将它拉伸到合适大小,并在工具栏中选择"移动工具"将它移动到"麦田"背景中的适当位置,即完成合成,成品效果如图 5 - 86 所示。

【思考问题】

① 当新建 Alpha 通道时复制其他颜色通道是否可以达到同样的效果?

图 5 - 86　成品效果

② 通过载入 Alpha 通道建立选区的机理是什么？

【拓展实验】

从网上下载一幅包含玻璃杯等透明景物的图片，除运用 Alpha 通道外，探索如何用蒙版实现透明景物的抠图。

实验二十　制作黑板报

【实验目的】

① 学会使用缩放、移动、魔术棒等工具。
② 学会利用去色、反相、蒙版及渐变。
③ 学会使用查找边缘、添加杂色等滤镜。

【实验内容】

利用已有的照片素材制作一幅黑板报，效果如图 5 - 87 所示。

【实验材料与工具】

① 一台计算机。
② Photoshop 软件。

图 5 - 87　成品效果

【实验步骤】

1. 打开图像

同时按下键盘上的 Ctrl＋O 键(或选择"文件"→"打开"菜单项)依次打开"黑板""鹰""奔跑"图像,如图 5 - 88 所示。

图 5 - 88　打开素材图像

2．用"魔术棒工具"抠图

在工具栏中选择"魔术棒工具"，并在顶部工具栏设置好参数，而后单击"鹰"的背景天空，远中天空后，同时按下 Ctrl＋Shift＋I 键实现反相选择，此时"鹰"为被选择对象，如图 5－89 所示。

图 5－89　用"魔术棒工具"建立选区

3．用"移动工具"创建图层

在工具栏中选择"移动工具"，单击"鹰"将它拖动到"黑板"图像左上角，并将鹰所在的图层改名为"鹰"，如图 5－90 所示。

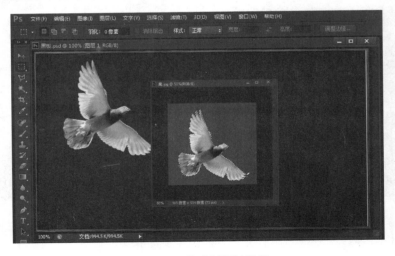

图 5－90　移动（创建）图层

4. 缩小图层

选中"鹰"图层,选择"编辑"→"变换"→"缩放"菜单项,按住 Ctrl 键用鼠标拖动"鹰"图层周围的边框,将该图层缩小到适当大小。亦可根据需要再次利用"移动工具"改变其位置,如图 5-91 所示。

图 5-91　缩小图层

5. 抽取边缘

选中"鹰"图层,选择"滤镜"→"风格化"→"查找边缘"菜单项,将"鹰"图层转换成由线条构成的图像,如图 5-92 所示。

6. 图像反相

选中"鹰"图层,选择"图像"→"调整"→"反相"菜单项,将"鹰"图层的颜色反相,如图 5-93 所示。

图 5-92　抽取出边缘后的效果

图 5-93　反相后的效果

7. 将图像二值化

选中"鹰"图层,选择"图像"→"调整"→"阈值"菜单项,并在弹出的对话框中设置"阈值色阶"为100,而后单击右侧的"确定"按钮,如图5-94所示。

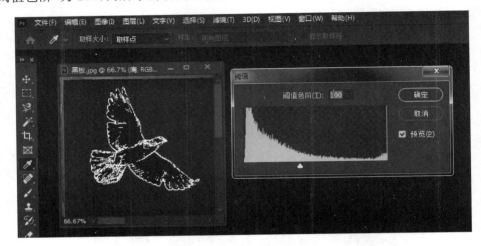

图5-94 二值化的效果

8. 设置"滤色"混合模式

选中"鹰"图层,在图层混合模式中选择"滤色",如图5-95所示。

图5-95 设置"滤色"混合模式

9. 创建装饰图层

参考第2～4步,利用"奔跑"图像素材在"黑板"图层右下角创建一个装饰性图层,并命名为"奔跑",如图5-96所示。

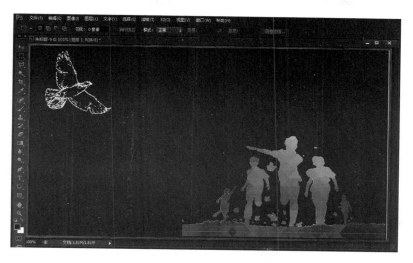

图 5 - 96　创建"奔跑"图层

10. 实现图层渐变

　　选中"鹰"图层，单击图层标签页下方的"添加矢量蒙版"按钮，为该图层加蒙版。而后选择工具栏的"渐变工具"，并通过单击顶部工具栏上的渐变图标打开"渐变编辑器"，设置好其中的参数（左黑右白），如图 5 - 97 所示。

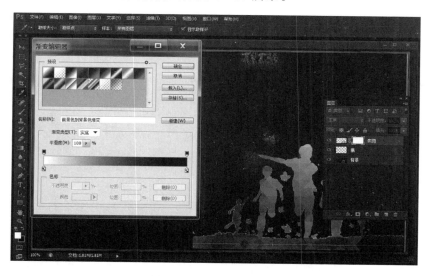

图 5 - 97　设置渐变参数

　　单击刚刚建立的蒙版，确保它处于被选中状态。单击"奔跑"图层水平中心位置，向左拖动鼠标至其左侧边缘，即将该图层蒙版填充成"左黑右白"的效果，如图 5 - 98 所示。

图 5 - 98　图层渐变效果

11. 输入文字

选中工具栏上的"横排文字工具",按住鼠标左键在图像中拖画出一个矩形文本框,并在其中输入相应的文字,再设置好字体、字号(120 号)、颜色(砖红色:RGB 分别为 240,90,60),如图 5 - 99 所示。

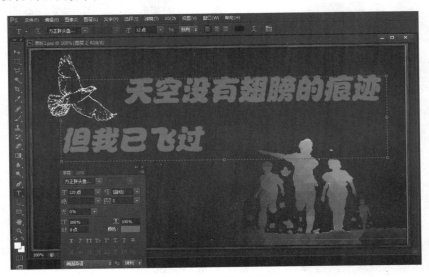

图 5 - 99　添加文字

12. 文字描边

单击图层标签页左下方的"添加图层样式"按钮,打开"图层样式"对话框,选中"描边"前的复选框,并设置好相关参数("颜色"为白色,"大小"为 7 像素),如图 5 - 100 所示。

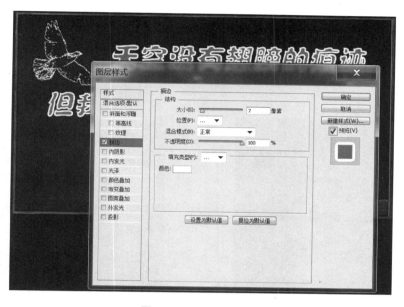

图 5 - 100　文字描边 1

在确定不再对文字字体、字号等进行修改后,通过文字图层的右键菜单("栅格化图层""栅格化图层样式")分别将该"文字"图层及其图层样式栅格化,如图 5 - 101 所示。

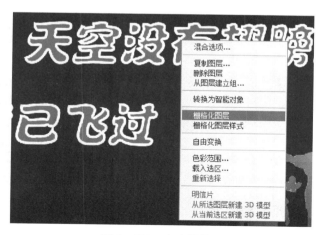

图 5 - 101　文字描边 2

13. 合并图层

按住 Ctrl 键,同时选中"文字"和"奔跑"两个图层,同时按下 Ctrl＋E 键将这两个图层合并为一个图层,并改名为"粉笔画",如图 5 – 102 所示。

14. 实现"粉笔"效果

选中"粉笔画"图层,选择"滤镜"→"杂色"→"添加杂色"菜单项,并在弹出的对话框中设置"数量"为 20%,选中"单色"前的复选框,而后单击右侧的"确定"按钮,如图 5 – 103 所示。

图 5 – 102　合并图层

图 5 – 103　添加杂色

在图层标签页中将图层混合模式设置成"溶解"、"不透明度"设置为 92%,如图 5 – 104 所示。最终效果如图 5 – 105 所示。

【思考问题】

① 当利用蒙版实现图层渐变时,如何控制过渡区的范围大小?

② 文字图层栅格化后会有哪些影响,作用是什么?

【拓展实验】

通过互联网搜集相关素材,参考上述方法设计、制作一幅以教师节为主题的黑板报。

图 5 – 104　设置图层混合模式

图 5 - 105　最终效果

实验二十一　制作微视频

【实验目的】

① 学会导入多媒体资源、裁剪视频、调整视频显示时长。
② 学会设置转场效果、添加音频及设置简单效果、添加字幕并设置效果。
③ 学会设置视频输出格式。

【实验内容】

利用已有的照片、视频、音频等素材制作一个包含背景音乐、字幕以及多种转场效果的微视频,视频时长 4 min37 s。主要参数为:
- MPEG－4 文件：24 位,720 像素×480 像素,25 f/s。
- H.264 高配置文件视频：2 500 kbit/s,16：9。
- 48 000 Hz、16 位、立体声 MPEG AAC 音频：256 kbit/s。

【实验材料与工具】

① 一台计算机。
② Photoshop 软件。

【实验步骤】

1. 新建项目

同时按下键盘上的 Ctrl＋N 键(或选择"文件"→"新建项目"菜单项)新建项目,

如图 5 – 106 所示。

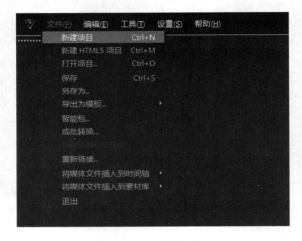

图 5 – 106　新建项目

同时按下键盘上的 Alt＋回车键（或选择"设置"→"项目属性"菜单项）打开项目属性对话框，如图 5 – 107 所示。

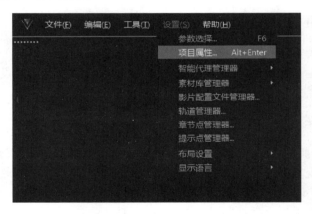

图 5 – 107　打开"项目属性"对话框

在项目属性中选择与需求对应的参数项（"现有项目配置文件"的第三行），如图 5 – 108 所示。

完成上述过程后，同时按下键盘上的 Ctrl＋S 键保存项目（或选择"文件"→"保存"、"文件"→"另存为"菜单项）。

2. 导入素材

单击"编辑"标签页中的"导入媒体文件"按钮（或通过该界面的"插入媒体文件"右键菜单），从"选择媒体文件"对话框中选择素材文件，如图 5 – 109 所示。

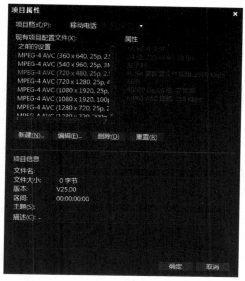

图 5－108　选择与需求对应的参数项

图 5－109　导入素材

3. 编辑片头

在"编辑"标签页中单击"Sample_Lake. mp4"文件并将它拖动到主界面的"视频"轨道,如图5-110所示。

图5-110 将素材拖入"视频"轨道

将"时间轴"上的刻度移动到00:00:01:00处,之后单击视频预览框右下角的"剪刀"按钮,将视频切成2段。按此方法,在00:00:08:00处重复一次,如图5-111所示。

图5-111 裁剪视频素材

右击第 1、3 个视频片段(或按键盘上的 Delete 键),删除该片段(保留中间的片段),如图 5-112 所示。

图 5-112　删除部分片段

右击所保留视频片段,选择"音频"→"静音"菜单项,如图 5-113 所示。

图 5-113　对视频静音

4. 编辑视频主体

在"编辑"标签页中单击"素材 1.jpeg"文件并将它拖动到主界面的"叠加 1"轨道，如图 5 - 114 所示。

图 5 - 114　添加素材到"叠加 1"轨道

将鼠标放置在"素材 1"片段最左边，当鼠标变成向左的箭头时，按住鼠标左键向左拖动，当对准 00:00:05:00 刻度时抬起鼠标左键；按同样的方法，将片段最右边拖长至 00:00:10:00，如图 5 - 115 所示。

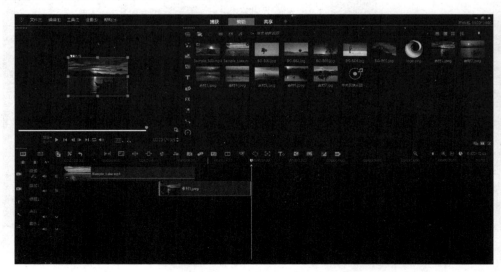

图 5 - 115　拉长素材片段

在视频预览框单击"素材1"片段,用鼠标在其边缘拖动拉伸,使它覆盖整个预览框,如图5-116所示。

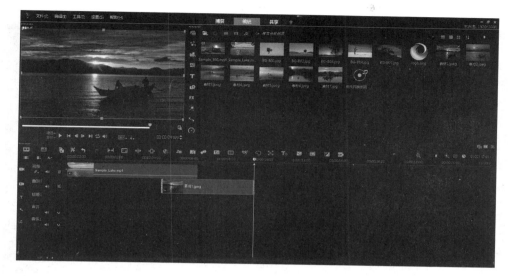

图5-116 拉伸素材片段

在"编辑"标签页中单击"素材2.jpeg"文件并将它拖动到主界面的"叠加1"轨道,利用鼠标拖动使其左边对准00:00:09:00刻度(即与"素材1"片段重叠1 s),右边对准00:00:13:00刻度,并拉伸"素材2"使其覆盖预览框,如图5-117所示。

图5-117 编辑"素材2"

5. 添加"转场"

在"编辑"标签页中单击工具栏的"转场"按钮，如图 5-118 所示。

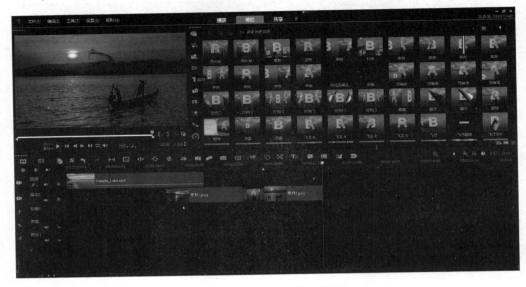

图 5-118　切换到"转场"界面

单击"变形"效果图标，将它拖动到"素材 1"片段上，并播放查看效果，如图 5-119 所示。

(a)　单击"变形"效果图标

图 5-119　添加"转场"效果

(b) 将"变形"效果图标拖动到"素材"1片段上

图 5 - 119　添加"转场"效果(续)

参照上述方法,依次添加"素材 3""素材 4"等,并设置相应的"转场"效果。

6. 添加音频

在"编辑"标签页中单击"渔舟唱晚. mp3"文件并将它拖动到主界面的"音乐 1"轨道,如图 5 - 120 所示。

图 5 - 120　添加音频

右击"渔舟唱晚"片段,选择"淡入音频"选项,如图5-121所示。

图 5-121   设置音频效果

7. 添加字幕

在"编辑"标签页中单击工具栏的"标题"按钮,如图5-122所示。

图 5-122   切换到"标题"界面

单击"Banner Thirds - Type"图标,将它拖动到"标题1"轨道上,并播放查看效果,如图5-123所示。

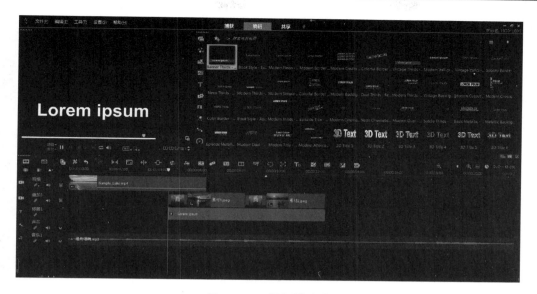

图 5 - 123 添加"标题"

在"标题"轨道上双击"Lorem ipsum"片段，切换到编辑界面，如图 5 - 124 所示。

图 5 - 124 切换到"标题"编辑界面

在文字编辑框中输入"落霞与孤鹜齐飞，秋水共长天一色"，并在右侧文字属性界面设置主要参数，字体为隶书，大小为 60，RGB 分别为 255，252，65，如图 5 - 125 所示。

图 5 - 125 编辑文字

8. 生成视频

切换到"共享"标签页,在"文件名"对应的编辑框中输入"渔舟唱晚";单击"文件位置"编辑框后对应的图标,在打开的文件对话框中选择保存位置,单击"开始"按钮即开始生成视频文件,如图 5 - 126 所示。

图 5 - 126 生成视频

【思考问题】

① 如何在视频中实现"画中画"效果？

② 如何在视频中添加类似于"卡拉 OK"效果的字幕？

【拓展实验】

设计并制作一个主题为《我的少年时代》的视频相册（包含封面、背景音乐、字幕等）。

实验二十二　制作多媒体作品

【实验目的】

① 掌握利用 PowerPoint 软件导出视频的方法。

② 掌握使用会声会影软件录制视频的方法。

③ 掌握使用会声会影软件合成视频的方法。

④ 掌握音频降噪方法。

⑤ 掌握多媒体作品制作的基本思路和方法。

【实验内容】

围绕选定主题，搜集素材，制作微视频作品。要求：

① 撰写解说词，并进行排版。

② 制作演示文稿，并将演示文稿作为微视频的主要画面。

③ 讲解人视频作为辅助画面，以恰当的方式融入微视频作品。

④ 使用的图像、音频、视频等素材均没有瑕疵。

⑤ 包含背景音乐、字幕，并合理运用画中画、蓝幕等视频合成方法。

⑥ 视频主要参数：

• MPEG-4 文件：24 位，1 920 像素×1 080 像素，25 f/s。

• H.264 高配置文件视频：2 500 kbit/s，16：9。

• 48 000 Hz、16 位、立体声 MPEG AAC 音频：256 kbit/s。

【实验材料与工具】

① 一台计算机。

② PowerPoint、Goldwave、会声会影等多媒体软件。

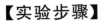

【实验步骤】

1．作品创意

对于一个多媒体作品，创意是关键。在作品创意阶段需要对作品进行整体的规划，具体包括确定主题、编辑大纲、收集素材等工作。

（1）确定主题

作品主题也就是作品的核心内容，当制作多媒体作品的时候，一定要避免为了制作而制作的情况，而是要确定作品的主旨，也就是这部作品的制作目的，即通过这部作品给观众传递哪些信息。做好作品主旨设计，就像赋予作品灵魂，能够使作品鲜活而富有生命力。

（2）编辑大纲

编辑大纲的过程是设计作品和整理思路的过程，需要明确作品围绕哪些方面进行介绍。逻辑关系是怎样的，每个方面采用哪些表现形式。

（3）收集素材

素材不是越多越好，因为收集过多的素材既浪费时间又会给后续作品制作时选择素材带来不必要的困扰。只根据大纲内容收集作品制作的基本素材即可，当后期制作用到其他素材时，可以先做标记，再统一补充查找。

2．素材制作

在素材制作阶段需要完成撰写解说词、制作演示文稿、录制讲解视频等工作。

（1）撰写解说词

解说词是全部工作的基础和总纲，也就是微视频的旁白内容，一般使用 Word 文档进行编辑。

撰写解说词的过程实际上是梳理讲解思路的过程，一般要先根据视频的主题和主旨建立大纲，也就是围绕主旨从哪些方面展开讲解、每个方面包含哪些要点；然后围绕每个要点组织内容，形成完整的解说稿。为了使解说稿更具可读性，需要对它进行排版，包括设置字体和段落格式、多级标题、目录、页码等，具体设置方法见第 7 章。

（2）制作演示文稿

演示文稿的作用是辅助讲解，制作过程可分为基本内容制作、演示文稿美化和添加动画三个步骤。在演示文稿的制作过程中，一般需要对收集的多媒体素材进行加工处理，例如去掉图像素材上的网页 LOGO，对图像、视频素材进行剪辑等，使素材呈现效果更加美观、贴合主题。

演示文稿制作需要注意以下三个方面：

① 文字精练、字体恰当，素材搭配合理。

② 背景与前景对比明显，模板及插图与主题相关。

③ 动画效果恰到好处,不夸张、不花哨。

(3) 录制讲解视频

讲解视频包括讲解人视频和演示文稿视频两个视频文件。为了确保最终合成的视频作品音画同步,两个视频应同时制作。具体制作方法如下:

① 打开会声会影软件,在软件界面单击"捕获"选项卡,打开"捕获"界面,如图 5 - 127 所示。

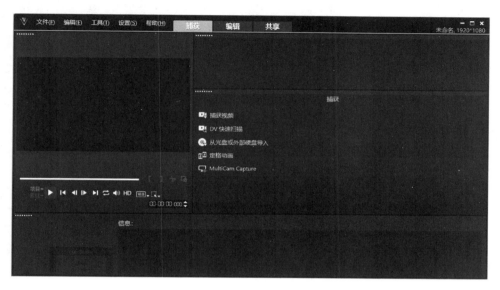

图 5 - 127　"捕获"界面

② 单击"捕获视频"按钮,打开捕获属性面板,待软件与摄像头连接完成后,在"来源"属性下拉框中会自动显示本机摄像头。左侧预览框显示摄像头录制的画面,如图 5 - 128 所示,将摄像头调整到合适的位置后,单击"捕获视频"按钮,开始讲解人视频的录制。

③ 打开演示文稿,在"幻灯片放映"选项卡下单击"录制幻灯片演示"按钮,如图 5 - 129 所示。在弹出对话框中选中"幻灯片和动画计时",如图 5 - 130 所示。

④ 单击"开始录制"按钮后,就可以对着演示文稿进行讲解了。讲解过程中,PowerPoint 软件会自动记录幻灯片切换和动画播放的时间。完成讲解后,系统自动结束幻灯片放映,若弹出如图 5 - 131 所示的确认对话框,则单击"是"按钮即可。

⑤ 幻灯片放映结束后,回到会声会影软件界面,单击"停止捕获"按钮,完成讲解人视频的录制,如图 5 - 132 所示。

⑥ 在 PowerPoint 软件的菜单栏单击"文件"选项卡,在弹出的菜单中选择"导出"选项,然后选择"创建视频",视频参数如图 5 - 133 所示。完成参数设置后,单击"创建视频"按钮,选择视频文件格式和存储路径后,等待视频生成。

图 5 - 128　视频录制

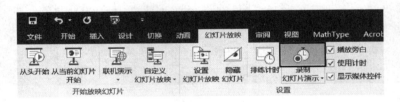

图 5 - 129　"录制幻灯片演示"按钮

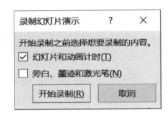

图 5 - 130　"录制幻灯片
演示"对话框

图 5 - 131　幻灯片计时确认对话框

　　完成上述操作后,就得到了讲解人视频和演示文稿视频两个视频文件。需要特别指出的是,如果在视频的录制过程中出现口误,不需要停下来重新录制,只需要稍微停顿,然后从一句完整的话开始接着录制就可以了,在后期视频合成的时候将出错的部分剪掉即可。

图 5 - 132　停止捕获

图 5 - 133　导出视频

3．视频作品生成

　　视频作品生成阶段的主要工作是对前期录制的视频进行剪辑、合成,添加字幕、背景音乐和视频特效,并根据录音质量进行必要的音频处理;然后按照规定的格式生成视频作品。具体过程如下:

　　① 在会声会影软件中,选择"文件"→"新建项目"菜单项,新建工程;然后选择"设置"→"项目属性"菜单项,打开"项目属性"对话框,根据视频素材参数设置项目属性,如图 5 - 134 所示。

　　② 将演示文稿视频导入"视频"轨道,将讲解人视频导入"叠加 1"轨道。选中讲解人视频,使该视频被黄色选框框住,单击预览框下方的"播放"按钮进行预览,如图 5 - 135 所示。

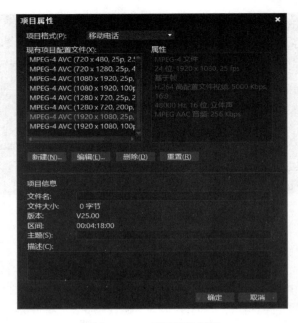

图 5 - 134　项目属性设置

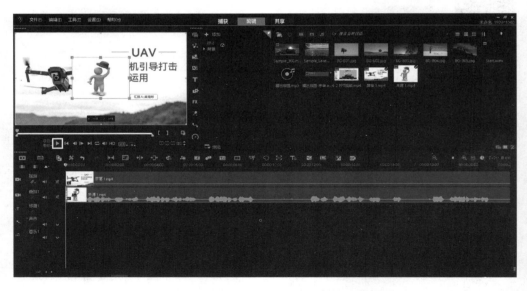

图 5 - 135　视频导入及预览特定轨道的视频

③ 在开始讲解演示文稿的地方暂停,单击预览框右下方的"剪刀"按钮,将视频分成两部分,如图 5 - 136 所示。

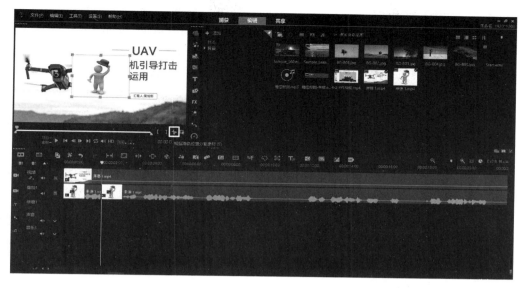

图 5 - 136　视频裁剪

④ 选中讲解人视频前边多余部分,按键盘上的 Delete 键进行删除,并将剩余视频拖动到左侧的起始时刻,在时间轴的 0 时刻单击,使两个轨道上的视频均未被选中,如图 5 - 137 所示。单击"播放"按钮进行预览,检查讲解语音与演示文稿视频是否同步,若不同步,则再次对视频进行裁剪,直到音画同步。用类似的方法将讲解人视频后超出演示文稿视频的部分删除。

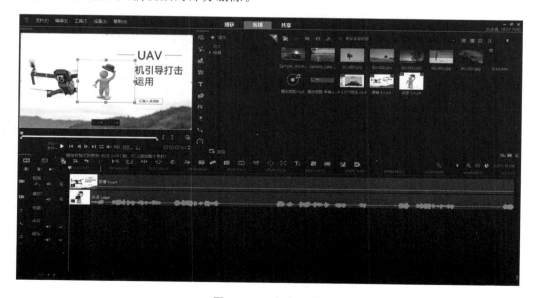

图 5 - 137　视频预览

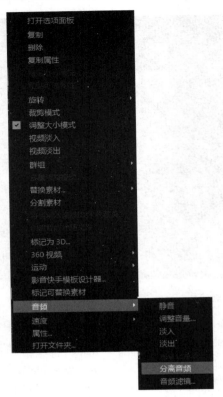

图 5 - 138　分离音频

⑤ 音频降噪处理。右击讲解人视频，选择"音频"→"分离音频"菜单项，如图 5 - 138 所示；单击"共享"选项卡，在共享面板中单击"音频"按钮，并在下方设置音频文件的名称和存储路径，然后单击"开始"按钮导出音频文件，如图 5 - 139 所示；运用音频处理软件对导出的音频进行降噪处理，然后右击"声音"轨道，在弹出的菜单中选择"替换素材"选项，如图 5 - 140 所示，并在素材选择对话框中选择处理后的音频文件，单击"打开"按钮，进行音频替换。

需要特别注意的是，在音频处理的过程中不能进行影响声音时长的任何处理，否则会破坏已经调整好的音画同步。

⑥ 根据视频设计，调整"叠加 1"轨道画面的位置，使讲解人视频画面不遮挡演示文稿视频的关键内容。

⑦ 对全部视频进行预览，在出现口误的地方暂停，单击预览框右下方的"剪刀"按钮，此时由于没有素材被选中，因此所有轨

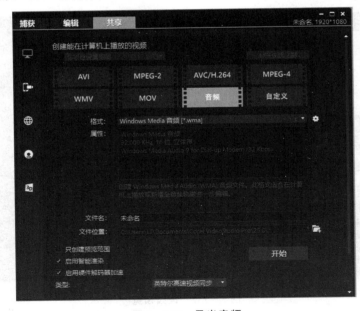

图 5 - 139　导出音频

道上的素材都会被"剪开";继续预览,再在出现口误的地方暂停,再次按下"剪刀"按钮;分别选中两个轨道上剪出的错误部分,按 Delete 键删除。

需要注意的是,当确定"剪开"位置的时候,可以单击时间轴上方的"放大镜"按钮对时间轴进行放大,如图 5 - 141 所示,方便进行精准地定位。

图 5 - 140　替换素材

图 5 - 141　时间轴放大

⑧ 按照视频播放内容,在"标题 1"轨道相应的时间段添加解说文字,并在视频结束后在"标题 1"轨道添加制作人信息作为片尾。

⑨ 将背景音乐导入"音乐 1"轨道,右击"音乐 1"轨道任意位置,在弹出的菜单中选择"调整音量"选项,在弹出的"调整音量"对话框中将数值调小,如图 5 - 142 所示,以减弱背景音乐对解说声音的影响。

⑩ 在完成所有设计后,对视频进行预览。若没有需要修改的地方,则单击"共享"选项卡,在共享面板单击"MPEG-4"按钮,在"配置文件"下拉列表中选择合适的视频文件参数,并在下方设置视频文件的名称和存储路径,导出视频作品,如图 5 - 143 所示。

图 5 - 142　调整音量

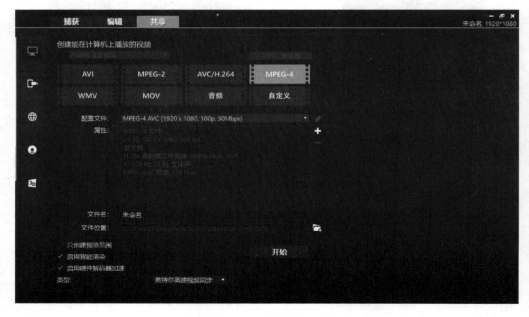

图 5 - 143　导出视频作品

【思考问题】

① 请设计两种讲解人视频与演示文稿视频的合成方式,要求合成自然,有设计感。

② 如何利用音频文件,快速生成字幕文件或字幕视频?

【拓展实验】

以我国的非物质文化遗产介绍为主题,设计并制作一个微视频作品。

第6章 计算思维与程序设计

实验二十三 绘制多边形

【实验目的】

① 掌握顺序结构、循环结构的用法。

② 掌握顺序和循环两种结构之间的转换逻辑。

【实验内容】

① 采用顺序结构绘制一个正方形。

② 采用循环结构绘制一个正方形。

③ 采用循环结构绘制一个正多边形。

④ 采用循环结构绘制一个圆形。

⑤ 采用循环结构绘制多个圆形。

【实验材料与工具】

① 一台计算机。

② BYOB 软件。

【实验步骤】

1. 采用顺序结构绘制正方形

问题描述:采用顺序结构实现如图 6-1 所示的正方形的绘制。

假如正方形的步长为 50,具体步骤如下:要绘制正方形首先需要落笔,让小精灵从 (0,0) 走到 (50,0),然后从 (50,0) 走到 (50,50),再从 (50,50) 走到 (0,50),最后回到 (0,0)。这样就绘制了一个正方形,每一步的顺序是不可改变的,具体编程指令如图 6-2 所示。

2. 采用循环结构绘制正方形

在上面的实验中,正方形的画法比较具体,可以采用另一种更一般化的方法:通过前面绘制正方形的过程,注意到当绘制每条边时小精灵都是前进、拐弯,因此,可以让小精灵做 4 次前进、拐弯,就解决了该问题。编程指令如图 6-3 所示。

图 6-1　正方形

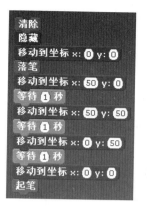

图 6-2　正方形的顺序实现

从指令序列可以看出小精灵重复地做了 4 次前进、拐弯,这样编写程序虽然没有错误,但是不科学,代码效率不高。可以采用控制结构中的循环结构来解决该问题,实现代码如图 6-4 所示。

图 6-3　正方形的另一种顺序实现

图 6-4　正方形的循环实现

总之,利用循环结构来组织操作,可以实现对数据的反复加工处理。

3. 采用循环结构绘制正多边形

如何利用循环结构绘制如图 6-5 所示的正多边形?

正多边形的实现方法与正方形的实现方法类似,依然是前进、拐弯这两个动作的重复。不同之处在于:正方形是 4 条边,循环次数为 4;正多边形的边数为几,循环次数就定为多少。实现代码如图 6 - 6 所示。

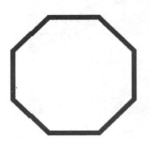

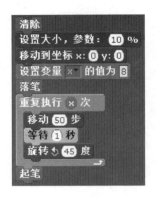

图 6 - 5 正多边形   图 6 - 6 正多边形的循环实现

4. 采用循环结构绘制一个圆形

如何利用循环结构绘制如图 6 - 7 所示的圆形?

首先,考虑到圆形在计算机中的实现角度:圆形就是一个多边形,只是边长短、边数多,保证边数乘以每次旋转度数为 360°即可。因此,一个圆形的实现代码如图 6 - 8 所示。

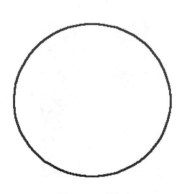

图 6 - 7 圆形   图 6 - 8 圆形的实现

5. 采用循环结构绘制多个圆形

如何利用循环结构绘制如图 6 - 9 所示的多个圆形?

多个圆形的实现即为对一个圆形实现的重复,因此,在一个圆形实现代码的基础上,再增加一层循环,控制每次绘制完一个圆后,选择的角度乘以圆的个数为 360°即可。实现代码如图 6 - 10 所示。

图 6 - 9　多个圆形

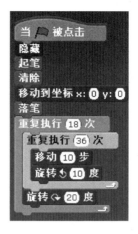

图 6 - 10　多个圆形的实现

【思考问题】

① 如何利用顺序结构绘制一个三角形？

② 如何利用循环结构绘制一个三角形？

【拓展实验】

采用循环结构绘制环绕一个中心点的多个三角形。

实验二十四　猜数游戏

【实验目的】

① 学会定义变量、为变量赋值。

② 能实现输入、输出操作。

③ 学会灵活使用程序的三大结构。

【实验内容】

编写程序实现如下功能：系统随机生成一个数，用户猜数（键盘输入），若猜对了则小精灵说"恭喜你，答对了！"；若猜大了，则提示"大了！"；若猜小了，则提示"小了！"。

【实验材料与工具】

① 一台计算机。

② BYOB 软件。

【实验步骤】

1. 定义变量

（1）定义变量名

根据实验要求可知需要定义两个变量，分别用来存放系统随机生成的数和用户从键盘输入的数。这里，设定随机生成的数的变量名为 number，从键盘输入的数的变量名为 input。

首先，选择"变量"模块，单击"创建一个变量"，弹出创建变量对话框，如图 6-11 所示。

然后，输入变量名称 number，单击"确定"按钮就可以创建一个变量了，此变量名显示在左边区域。

按照同样的方法创建另一个变量 input。

（2）为变量赋值

为变量 number 赋值，需要用到"操作符"模块，选择"生成 x 到 x 之间的随机数"，再利用"变量"模块下的为变量赋值功能实现，如图 6-12 所示。

图 6-11　创建变量对话框

图 6-12　产生随机数

为变量 input 赋值，需要用到"感知"模块的显示提示信息，并记住用户输入的数值，再利用赋值语句实现赋值，如图 6-13 所示。

图 6-13　赋值语句

2. 条件判断

根据实验功能(若猜大了,则提示"大了!";若猜小了,则提示"小了!"),需要用到条件判断语句。利用"控制"模块下的两分支结构语句"如果……否则……"实现,如图 6-14 所示。

3. 循环检测

按照实验要求,需要循环检测输入的数值与随机产生的数值是否一致,直到相同为止(显示"恭喜你,答对了!")。要想实现此功能,需要用到"控制"模块内的"重复执行,直到……"(重复执行,直到某个条件成立为止)语句,如图 6-15 所示。

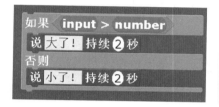

图 6-14　选择结构

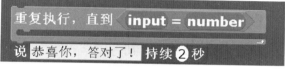

图 6-15　循环结构

猜数游戏完整的程序如图 6-16 所示。

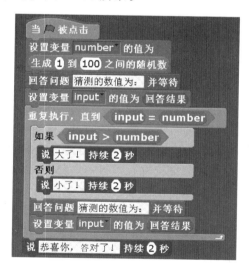

图 6-16　猜数游戏完整程序

需要注意的是,在循环体中需要加入重新为变量 input 赋值的语句。因为需要多次输入,所以只有输入的数值与随机生成的数值相等,程序才会结束,否则会一直执行下去。

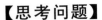

【思考问题】

当程序运行时,生成的随机数 number 的数值会显示在舞台上,直接就知道随机数是多少了,怎么使随机生成的数不显示?

【拓展实验】

如果限定允许猜的次数为 3 次,程序该如何修改?

实验二十五　穷举算法

【实验目的】

用计算机实现穷举算法。

【实验内容】

典型问题"鸡兔同笼"的计算机实现。

【实验材料与工具】

① 一台计算机。
② BYOB 软件。

【实验步骤】

穷举算法是解决实际问题的一种最简单的算法,其基本思想是根据题目的部分条件确定答案的大致范围,并在此范围内对所有可能的情况逐一进行验证,直到全部情况验证完毕。若某个情况经验证后符合题目的全部条件,则它为本问题的一个解;若全部情况经验证后都不符合题目的全部条件,则本问题无解。

大约在 1 500 年前,我国古代数学名著《孙子算经》上有这样一道题:今有鸡兔同笼,上有三十五头,下有九十四足,问鸡兔各有几何?

这是一个大家都熟悉的经典问题,如果采用人工计算,则大家都会通过数学的方法求解。方法是:首先将鸡与兔用 x 和 y 表示,其实这就是一个抽象的过程。在该问题中,人们所关心的并不是鸡与兔的外形、动作、所处的环境等,而仅仅是数量,因此,可以将鸡与兔分别抽象为两个变量 x 和 y。然后根据题意即可得到下列数学模型:

$$\begin{cases} x + y = 35 \\ 2x + 4y = 94 \end{cases}$$

通过用数学方法求解,得到如下结果:

$$\begin{cases} x = 23 \\ y = 12 \end{cases}$$

从中可以看到问题求解的过程与问题分析和抽象密切相关,根据抽象的结果就可以建立相应的数学模型进行求解。当然,对于同一个问题可以有多个求解方法,如本例还可以用假设与置换法(中国古代流传的方法)、玻利亚跳舞法(西方解法)以及抬腿法等求解。

以抬腿法为例解决该问题。假设每只鸡都抬起一条腿("金鸡独立"),同时每只兔子都抬起两条腿(蹲着),它们各抬起一半腿,总腿数减半,此时一只鸡一条腿,而一只兔子多一条腿,因此,兔子数为 $94 \div 2 - 35 = 12$(只)。另外,在我国一个非常火的综艺节目《奔跑吧兄弟》中,奔跑兄弟需要寻找线索逃出密室,在寻找线索的过程中就遇到了这个经典的鸡兔同笼问题,包贝尔利用抬腿法快速地解决了这个问题,通过自己的"智商秀"秒杀众人。他的解题思路是:假设鸡和兔同时抬起 2 条腿,这样它们一共抬起的腿数为 $35 \times 2 = 70$(条),没有抬起的腿数为 $94 - 70 = 24$(条),因为每只兔子比鸡多 2 条腿,所以兔子一共有 $24 \div 2 = 12$(只)。

由此可见,由抽象到模型再到求解用的是数学方法,这个过程完全靠人的思维以及数学方法实现。如何用计算机解决该类问题?

相对于人来说,计算机难以进行思维和决策,例如前面的鸡兔同笼问题中二元一次方程组的建立、采用抬腿法求鸡兔数量等。但是计算机处理速度比较快,更易做重复性计算,可以通过大量尝试的方法来获知问题答案。因此,可以利用计算机运算速度快、精确度高的特点,对鸡和兔的数量从 $1 \sim 35$ 进行遍历,从中找出符合要求的答案。

用 BYOB 解决该问题的指令代码如图 6-17 所示。

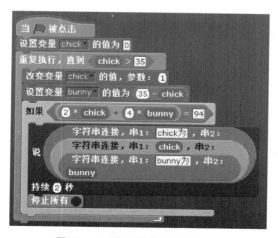

图 6-17 鸡兔同笼问题的实现

【思考问题】

本实验的鸡兔同笼问题的代码采用直到型循环实现,请想一想采用其他类型循环如何实现?

【拓展实验】

用穷举算法破解手机开机密码,并用计算机程序实现,查看运行结果。

实验二十六　贪吃蛇游戏

【实验目的】

学会多角色编程。

【实验内容】

通过键盘上的上下左右键控制蛇的方向,寻找宝物。蛇每吃一个宝物就能得到一定的积分。

【实验材料与工具】

① 一台计算机。
② BYOB 软件。

【实验步骤】

经分析,本实验通过蛇寻找宝物不断累积分数的过程涉及两个角色:角色一是蛇;角色二是被吃的宝物。

每个角色不同,要完成的动作也不同。因此,需要对两个角色分别编程。

1. 角色一编程

单击"从文件中选择新精灵",弹出"新精灵"窗口,选择两个精灵作为游戏的角色一、角色二,如图 6-18、图 6-19 所示。

这里选择的角色一为鱼,角色二为小精灵。角色一需要不断地移动(通过键盘上的上下左右键),寻找宝物。因此,它的编程思路为:通知"感知"模块中的"按键 xx 被按下了吗?"感知用户按下了哪个键,根据按下的不同键,继而向不同的方向行走。角色一的代码如图 6-20 所示。

图 6 - 18　角色区域

图 6 - 19　创建新精灵窗口

2. 角色二编程

角色二的功能是寻找的宝物,它的位置是随机产生的,并且蛇每吃到宝物,积分增一,且宝物又随机出现在新的位置。因此,需要用到产生随机数的模块。

(1) 定义变量

需要一个变量来存放积分。按照游戏规则,蛇每吃到宝物,积分增一。用一个判断语句来实现,具体如图 6 - 21 所示。

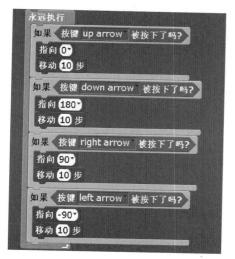

图 6 - 20　角色一的代码

图 6 - 21　检测碰撞代码

(2) 产生随机数

舞台的范围就是随机数产生的范围,舞台大小如图 6 - 22 所示。

由此可知,横坐标的范围是(-240,240),纵坐标的范围是(-180,180)。随机数产生的功能实现如图 6 - 23 所示。

(3) 循　环

根据实验内容得知,宝物是不断产生的,因此,这个过程应该是不断循环的。因

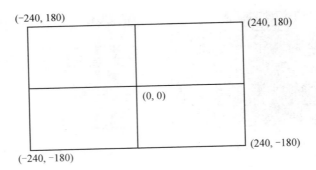

图 6-22　舞台大小

为没有循环条件，所以选择的循环语句是"永远执行"。角色二的完整代码如图 6-24 所示。

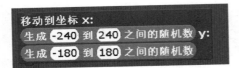

图 6-23　产生随机数

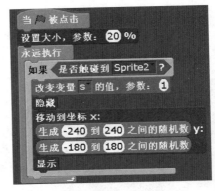

图 6-24　角色二的代码

【思考问题】

① 每吃掉一个宝物，蛇的身体都会有变化，怎么体现？

② 如何设定当碰触到边界时游戏结束？

【拓展实验】

① 设计坦克大战。

② 设计走迷宫游戏。

第7章　实用软件

实验二十七　校报排版

【实验目的】

① 学会插入图片、形状、艺术字。
② 学会设置文本格式。
③ 学会设置段落格式。
④ 学会添加分栏。
⑤ 学会图文混排。

【实验内容】

编辑稿件并对它进行排版，效果如图 7 - 1 所示。

【实验材料与工具】

① 一台计算机。
② Office 软件。

【实验步骤】

1. 设置页面大小

（1）设置页边距

通过套用内置的页边距、自定义页边距两种方式设置页边距，内置的页边距包括"常规、窄、中等、宽、对称"5 种选择，当程序内置的页边距不满足设置要求时，可以使用自定义页边距。如本例使用自定义页边距的方法设置，具体设置过程如下：

① 打开文档，单击"布局"选项卡→"页面设置"组右下角的"命令启动器"按钮，打开"页面设置"对话框。

② 单击"页边距"标签，设置"上""下"边距为"2.5 厘米"、"左""右"边距为"2 厘米"。可以直接输入数值，也可以单击右侧的上下按钮进行调节，如图 7 - 2 所示，设置完成后，单击"确定"按钮即可应用。

坚守信念初心，赓续红色血脉

理想信念是共产党人、革命军人的政治灵魂，是人民军队的精神支柱；听党指挥是人民军队的建军之本、胜利之基，是我军永远不变的军魂。

一、回望初心本源，强化坚决听党指挥的政治自觉

坚定理想信念，是共产党人的永恒品质，是人民军队听党指挥的精神之源，也是我军从小到大、由弱到强，不断从胜利走向胜利的根基所在。

二、坚持固本培元，打牢坚决听党指挥的思想根基

理论武装补钙。 只有把创新理论学深悟透，对党对军队绝对领导号的内涵实质才能有深刻的理解，贯彻落实

思想教育引领。 革命军人要始终保持理想信念坚定，对党绝对忠诚。

革命军人要始终保持理想信念坚定，必须靠强有力的思想政治教育来引领，创造形成才会坚定自觉。

红色文化滋养。 在人民军队的发展历程中，创造形成了特色鲜明的红色文化，蕴含着丰富的革命精神和厚重的历史文化内涵。

三、融入岗位践行，争做坚决听党指挥的革命军人

信念坚定，听党指挥是一个认识问题，更是一个实践问题，关键是要进入思想、进入工作、进入岗位，落实到具体行动中。

图7-1 校报排版效果

（2）设置纸张方向

① 打开文档，单击"布局"选项卡→"页面设置"组右下角的"命令启动器"按钮，打开"页面设置"对话框。

② 单击"页边距"标签，在"纸张方向"栏选择横向，即可将整篇文档的纸张以横向显示，如图7-3所示，设置完成后，单击"确定"按钮即可应用。

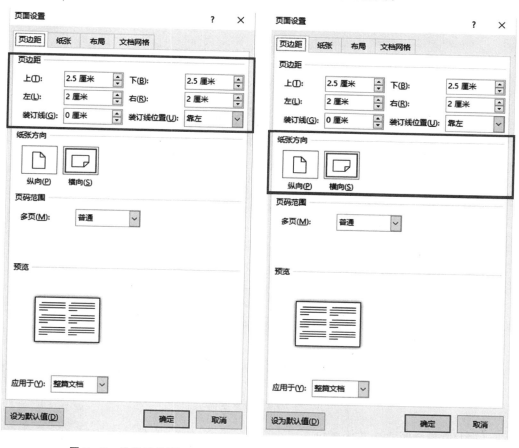

图7-2 设置页边距

图7-3 设置纸张方向

当然，也可以单击"页面设置"组→"纸张方向"下拉按钮，展开下拉菜单，选择命令" 横向"实现。

2. 设置文本格式

在Word2016中，默认文字是五号的"等线"字，可以通过"字体"组或"字体"对话框设置不同的字体和字号，以达到排版要求。本例采用"字体"对话框设置实现，具体步骤如下：

(1) 设置正文格式

① 选中要设置格式的文字,单击"开始"选项卡→"字体"组右下角的"命令启动器"按钮 ⌐,打开"字体"对话框。

② 单击"字体"标签,在"字号"下拉列表中选择"四号",在"字形"下拉列表中选择"常规",在"中文字体"下拉列表中选择"宋体",在"西文字体"下拉列表中选择"Times New Roman",如图 7-4 所示。设置完成后,单击"确定"按钮即可应用。

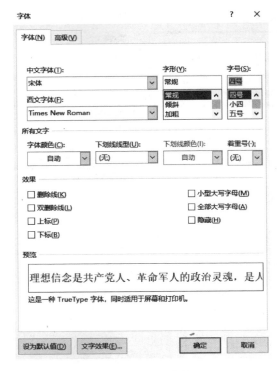

图 7-4　设置字体

(2) 设置标题文字艺术效果

① 选中要设置的标题文字,通过"字体"组在"字号"下拉列表中选择"小初",在"中文字体"下拉列表中选择"汉仪粗黑简"。

② 单击"开始"选项卡→"字体"组→"文本效果和版式"下拉按钮 A⌄→"轮廓"选项,即可在弹出的子菜单中设置轮廓的颜色为"深红"。

③ 单击"文本效果和版式"下拉按钮→"阴影"选项,在弹出的子菜单中选择"内部:右"阴影,如图 7-5 所示。

④ 单击"文本效果和版式"下拉按钮→"映像"选项,在弹出的子菜单中选择某一种映像变体,或者单击"映像选项",在弹出的"设置文本效果格式"窗口中对"透明度""大小""模糊""距离"等参数进行详细设置,如图 7-6 所示。

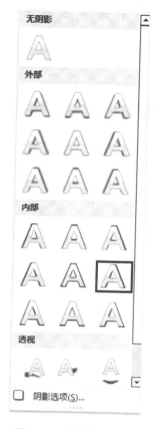

图 7-5 设置阴影效果

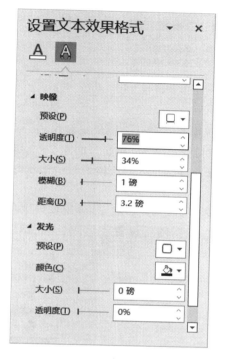

图 7-6 设置映像效果

　　同理，可以通过预设或自定义方式设置发光效果。最终，标题文本效果如图 7-7 所示。

坚守信念初心，赓续红色血脉

图 7-7 标题效果

> **知识扩展**：文本效果选项与艺术字的区别
> 　　通过文本效果选项可以对文本效果进行精细修改（如更改轮廓、阴影、映像、发光效果等）；而艺术字是文字效果模具，只有固定的几个内置样式可以使用。

（3）设置正文标题形状

　　① 单击"插入"选项卡→"插图"组→"形状"下拉按钮，选中"流程图"类的"流程图：显示"形状，如图 7-8(a) 所示。回到正文文档，鼠标呈"＋"字形，在文档空白处拖动鼠标，绘制出选中的形状，如图 7-8(b) 所示。

②选中"流程图:显示"形状,形状四周出现8个空心的圆圈、上方出现"旋转"图标,以及浮动菜单"形状格式",通过单击"旋转"图标或选择"形状格式"→"对齐"→"旋转"→"水平翻转"菜单项,实现如图7-8(c)所示效果。

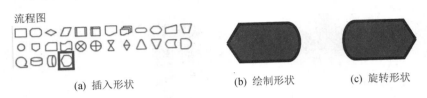

(a) 插入形状   (b) 绘制形状   (c) 旋转形状

图7-8 选择形状

③选中自选形状,选择"形状格式"→"形状样式"→"形状填充"菜单项,弹出"主题颜色"对话框,选择"深红",如图7-9所示。

同理,通过选择"形状格式"→"形状样式"→"形状轮廓"菜单项,设置轮廓颜色为"深红"。

④选中自选形状,右击,弹出快捷菜单,如图7-10(a)所示,选择"添加文字"命令,输入"一、",随后设置字体颜色为"白色"、字号为"四号"、字体为"黑体",效果如图7-10(b)所示。

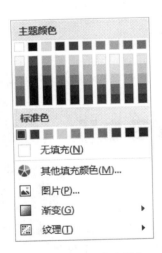

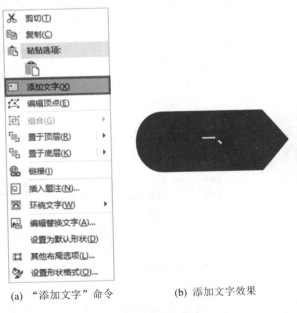

(a) "添加文字"命令   (b) 添加文字效果

图7-9 设置填充颜色   **图7-10 添加文字**

⑤单击"插入"选项卡→"插图"组→"形状"下拉按钮,选中"矩形"类的"矩形"形状,在上述图形后面拖出一个矩形,设置"形状填充"为"白色"、"形状轮廓"为"深红",最后添加文字。

⑥ 选中第一个形状,按住 Ctrl 键,再选择矩形,如图 7 - 11(a)所示。在"形状格式"→"排列"→"组合"下拉菜单中选择"组合"命令,组合后的图形如图 7 - 11(b)所示。

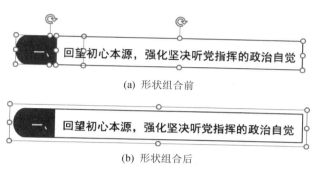

(a) 形状组合前

(b) 形状组合后

图 7 - 11 组合形状

⑦ 选中组合后的形状,选择"形状格式"→"排列"→"环绕文字"→"上下型环绕"菜单项,如图 7 - 12 所示。

(4)添加文字边框

① 选中要添加边框的文字,首先将文字加粗,然后单击"开始"选项卡→"段落"组→"边框"下拉按钮→"边框和底纹"选项,弹出"边框和底纹"对话框,单击"边框"标签,"设置"栏选择"方框","样式"选择"————","应用于"选择"文字",如图 7 - 13 所示,单击"确定"按钮即可在预览区域看到文字加边框效果。

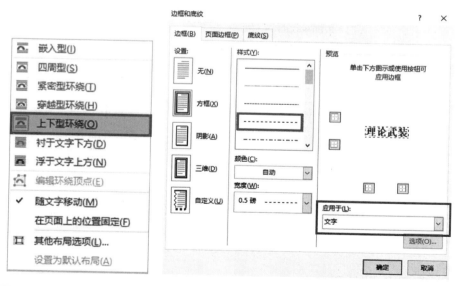

图 7 - 12 设置形状环绕方式

图 7 - 13 设置文字边框

② 选中添加边框的文字,双击"开始"选项卡→"剪贴板"组中的 格式刷按钮, 用鼠标拖动要复制格式的目标内容,释放鼠标后即可出现相同格式的加边框的文字。

3. 设置段落格式

拖动鼠标选中正文文字,单击"开始"选项卡→"段落"组右下角的"命令启动器" 按钮 ,打开"段落"对话框。设置"首行缩进"为"2 字符"、"行距"为"1.5 倍行距", 如图 7-14 所示。

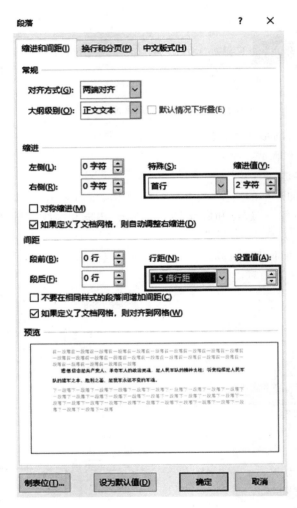

图 7-14 设置段落格式

4. 设置分栏效果

选中除标题以外的正文文字,单击"布局"选项卡→"页面设置"组→"栏"下拉按钮→"更多栏"选项,弹出"栏"对话框。设置栏数为"两栏"、栏宽为"33.68 字符"、间距为"2.02 字符",如图 7 - 15 所示。

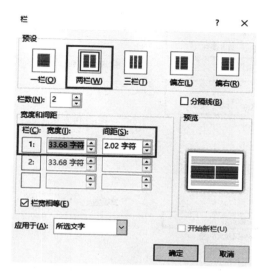

图 7 - 15　设置分栏效果

在标题后面自动添加"分节符",正文文字被划分为两栏,实现了标题与正文的混合分栏效果。

> 提示:实现混合分栏
>
> 在设置前,要先正确选中目标文本,再进行分栏设置。

5. 插入边框图片

① 单击"插入"选项卡→"插图"组→"图片"下拉按钮→"图片"选项,弹出"插入图片"对话框,选择要插入图片的位置和名称"border",单击"插入"按钮,即可在当前光标处插入"border"图片。

② 选中图片"border",单击"图片格式"选项卡→"大小"组右下角的"命令启动器"按钮 ⌐,打开"布局"对话框。取消"锁定纵横比",设置高度为"1.5 厘米"、宽度为"13.12 厘米",如图 7 - 16 所示。

③ 选中图片"border",按住 Ctrl 键,拖动鼠标到右栏处,即可在右侧复制一个边框。

经过以上步骤,即可完成校报排版。

【思考问题】

七种文字环绕方式(嵌入型、四周型、紧密型、穿越型、上下型、衬于文字下方、浮于文字上方)各自的特点及应用场合是什么?

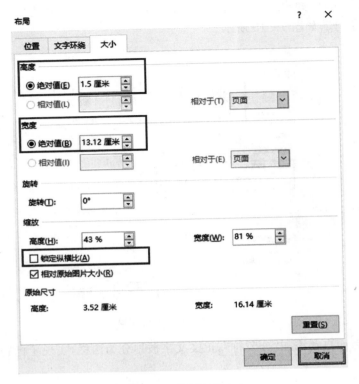

图 7 - 16　设置图片大小

【拓展实验】

观察报纸、杂志或期刊等刊物的排版样式,尝试其实现方法。

实验二十八　制作学生档案登记表

【实验目的】

① 学会插入、合并、拆分表格或单元格。
② 学会设置表格边框和底纹、行高、列宽等。

【实验内容】

制作如图 7 - 17 所示的表格。

基本信息				
学号		姓名		
性别		民族		
出生年月		身份证号		
户口所在地				
所在院系				

教育经历	
起止时间	学校

主要社会关系		
姓名	关系	工作

图 7-17　学生档案登记表

【实验步骤】

1. 插入表格

单击"插入"选项卡→"表格"组→"表格"下拉按钮→"插入表格"选项,弹出"插入表格"对话框,设置表格列数为5、行数为22,如图 7-18 所示,即可插入一个空表格,如图 7-19 所示。

2. 合并单元格

根据目标表格样式,选中需要合并的行/列,单击"表布局"选项卡→"合并"组→"合并单元格"按钮 合并单元格。合并单元格后的效果如图 7-20 所示。

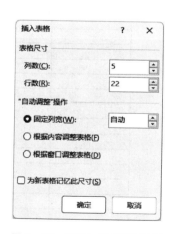

图 7-18　"插入表格"对话框

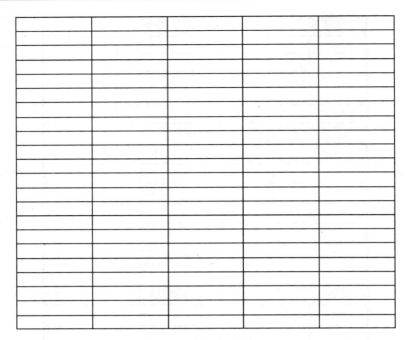

图 7 - 19　插入空表格

图 7 - 20　合并单元格

按照目标表格的内容,在相应单元格中输入文字信息。

3. 美化表格

(1) 设置字体、字号

将合并的三行"基本信息、教育经历、主要社会关系"的字体设置为黑体、字号设置为小四号。将其余文字设置为仿宋、小四号。

(2) 设置文字对齐方式

选中整个表格,单击"表布局"选项卡→"对齐方式"组→"水平居中"按钮,如图 7-21 所示,设定表格文字对齐方式为水平居中。

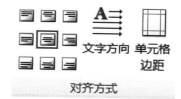

图 7-21　表格文字对齐方式

(3) 设置底纹

按住 Ctrl 键,选中合并的三行信息,单击"表设计"选项卡→"表格样式"组→"底纹"下拉按钮,选择"白色,深色 15%"的底纹填充颜色。设置底纹后的表格效果如图 7-22 所示。

基本信息				
学号		姓名		
性别		民族		
出生年月		身份证号		
户口所在地				
所在院系				
教育经历				
起止时间	学校			
主要社会关系				
姓名	关系	工作		

图 7-22　设置底纹后的表格效果

(4) 设置边框

选中表格,单击"表设计"选项卡→"边框"组→"边框"下拉按钮→"边框和底纹"选项,弹出"边框和底纹"对话框,选择"自定义",设置宽度为"2.25 磅"。单击预览区域的表格外边框,即可看到外框加粗的预览效果,如图 7-23 所示。

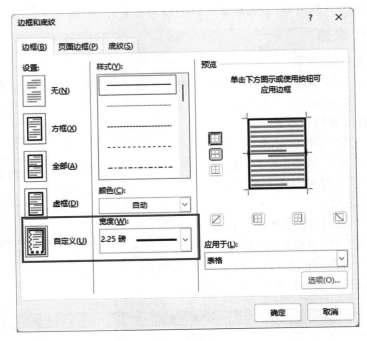

图 7 - 23　设置边框

（5）设置表格行高、列宽

按照目标表格样式，可以整体设置表格的行高、列宽，也可以单独设置某几行/列的行高、列宽。

① 整体设置。选中表格，单击"表布局"选项卡→"表"组→"属性"按钮 属性，弹出"表格属性"对话框，选择"行"标签，设置行的高度为"0.78 厘米"，如图 7 - 24 所示。

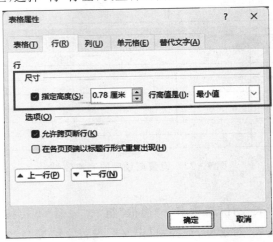

图 7 - 24　设置行高

② 单独设置。选中要单独设置列宽的单元格,拖动单元格右边框,移动即可完成调整,调整后的表格效果如图 7-25 所示。

基本信息				
学号		姓名		
性别		民族		
出生年月		身份证号		
户口所在地				
所在院系				
教育经历				
起止时间		学校		
主要社会关系				
姓名	关系	工作		

图 7-25 调整部分列宽后的表格效果

至此,完成学生档案登记表的制作。

【思考问题】

① 在表格中如何实现计算?

② 如何绘制斜线表头?

③ 列举你知道的通过表格实现的生活实例。

【拓展实验】

制作如图 7-26 所示的期末成绩统计表。

成绩\科目\系别	数学	物理	计算机	英语	电工	总分
雷达系	86.5	76.34	85.65	73.59	75.25	397.33
枪炮系	71.76	78.56	80.25	75.88	78.48	384.93
光电系	79.78	73.91	83.55	79	79.3	395.54
平均分	79.35	76.27	83.15	76.16	77.68	

图 7 - 26　期末成绩统计表

实验二十九　论文排版

【实验目的】

① 学会设置不同级别的样式。
② 学会创建多级列表，以及与相应级别样式进行链接。
③ 学会进行图表自动编号和交叉引用。
④ 学会添加不同节的页眉/页脚、进行页面设置。
⑤ 学会自动生成目录。
⑥ 学会保存输出不同类型的文档。

【实验内容】

按照如图 7 - 27 所示的论文样式，完成长文档排版。

【实验步骤】

大多数论文都存在章节多、编号多、页码多、图表多、文献多等特点。因此，要想对长文档进行排版，必须先"打理"好 Word，然后边输入边排版。具体实验步骤如下：

1. 页面设置

（1）纸型设置

单击"布局"选项卡→"页面设置"组右下角的"命令启动器"按钮，弹出"页面设

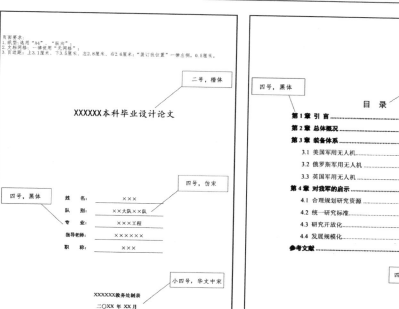

(a) 封面页

页面要求：
1. 纸型：选用"A4"，"纵向"；
2. 文档网格：一律使用"无网格"；
3. 页边距：上3.1厘米、下3.5厘米、左2.8厘米、右2.6厘米；"装订线位置"一律左侧，0.5厘米。

二号，楷体

XXXXXX本科毕业设计论文

四号，黑体

四号，仿宋

姓　名：　　×××
队　别：　××大队××队
专　业：　×××工程
指导老师：　××××××
职　称：　　×××

小四号，华文中宋

XXXXXX教务处制表
二〇XX 年 XX 月

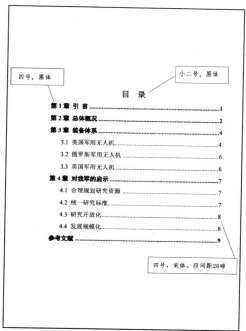

(b) 目录页

四号，黑体

小二号，黑体

目　录

四号，宋体，段间距28磅

(c) 正文页

四号，黑体，段前1行，段后1行，1.5倍行距

第3章 装备体系

3.1 美国军用无人机

四号，黑体，段前0.5行，段后0.5行，1.5倍行距

　　在参与第一次世界大战后，美军认识到无人机存在巨大的作战价值，开始着手研发无人机装备。在第二次世界大战中，美军合理运用无人机作为靶机代替有人飞机来训练防空炮手，使用 B-17 轰炸机自爆式攻击敌军目标等等。第二次世界大战后，美国历经第三次科技革命，科技水平远远走到了全世界前列，美军正处于服役的战略无人机主要是由陆军配备的 MQ-1C 灰鹰无人机、美空军装备的 RQ-4A/B 全球鹰无人机、MQ-9B 死神无人机、美海军装备的 MQ-4C 人鱼海神无人机组成。

小四号，仿宋，首行缩进2字符，行距为固定值28磅

(d) 结尾页

参考文献

[1]曹鹏，侯博，张启义. 以色列无人机发展与运用综述[J]. 飞航导弹,2013(10):45-48.

[2]柯芸. 《25 项重大 C4ISR 计划》述评[J]. 现代军事, 2006(10):50-53.

[3]郑波. 以色列无人机发展概况及启示[J]. 国防科技工业,2014(06):64-67.

图 7－27　论文排版效果

置"对话框,切换至"纸张"标签页,选择纸张大小"A4",如图 7-28 所示。

在"页面设置"对话框中,切换至"页边距"标签页,选择纸张方向"纵向",如图 7-29 所示。

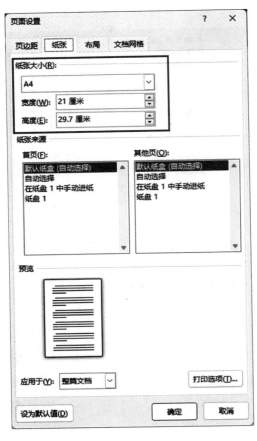

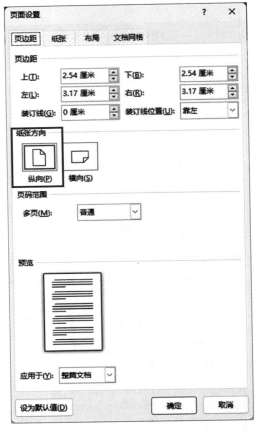

图 7-28　设置纸张大小　　　　　　　图 7-29　设置纸张方向

(2) 文档网格设置

在"页面设置"对话框中,切换至"文档网络"标签页,选择网格为"无网格",如图 7-30 所示。

(3) 页边距设置

在"页面设置"对话框中,切换至"页边距"标签页,设置页边距上"3.1 厘米"、下"3.5 厘米"、左"2.8 厘米"、右"2.6 厘米"、装订线位置"靠左,0.5 厘米",如图 7-31所示。

2. 创建样式

根据论文排版要求,一共有两级标题。设置样式如表 7-1 所列。

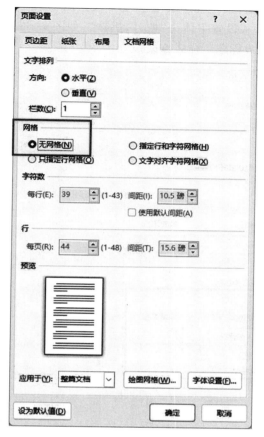

图 7-30 设置文档网格

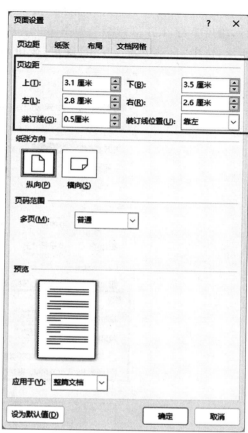

图 7-31 设置页边距

表 7-1 论文各级标题及正文样式

名　称	样　式
标题 1	字体:四号,黑体,居中; 段落:段前 1 行,段后 1 行,1.5 倍行距
标题 2	字体:四号,黑体; 段落:段前 0.5 行,段后 0.5 行,1.5 倍行距
论文正文	字体:小四号,仿宋; 段落:首行缩进 2 字符,行距为固定值 28 磅

(1)创建标题样式

单击"开始"选项卡→"样式"组右下角的"命令启动器"按钮,在打开的"样式"对话框中,选中要更改的样式"标题 1",在下拉菜单中选择"修改"按钮,弹出"修改样式"对话框,单击对话框左下角的"格式"按钮,按照要求设置标题1段落为"段前1行,段后1行,1.5倍行距",如图7-32所示。设置字体为"四号,黑体",如图7-33所示,选中"自动更新",单击"确定"按钮,完成标题1样式修改。

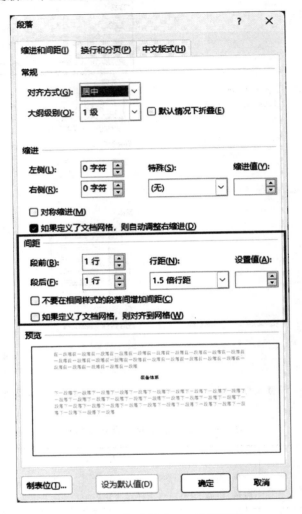

图7-32 修改样式——段落设置

依次选中各章标题,在"样式"窗格列表中单击样式"标题1",修改各章标题的样式;再在"视图"选项卡→"显示"组中选中"导航窗格",列出各章目录,如图7-34所示。

按照同样的方法,修改"标题2"的字体和段落,在此不再赘述。

(2)创建正文样式

选中正文第一段内容,设置字体为"小四号,仿宋",设置段落格式为"首行缩进2

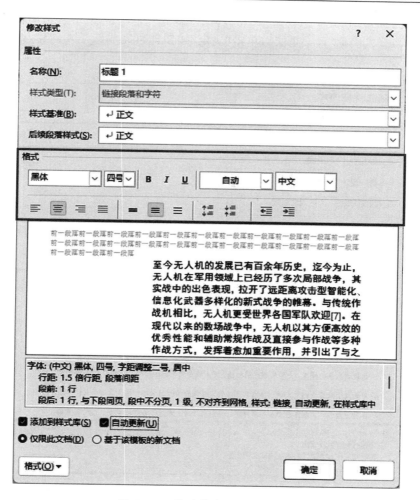

图 7 - 33　修改样式——格式设置

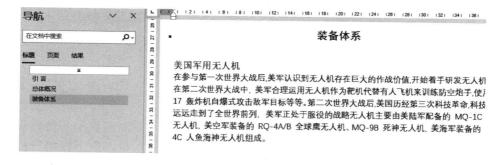

图 7 - 34　设置标题样式后效果显示

字符,行距为固定值 28 磅",单击"创建样式" 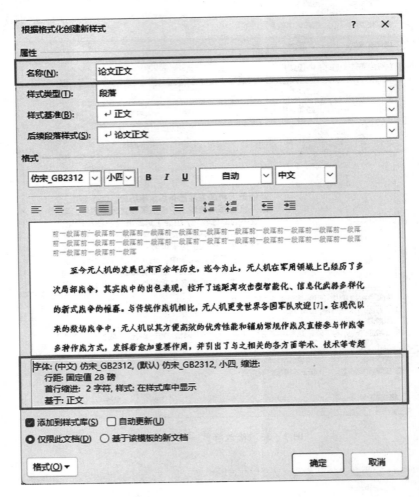按钮,弹出"根据格式化创建新样式"对话框,输入样式名称"论文正文",单击"确定"按钮即可完成新样式创建,如图 7 - 35 所示。

图 7 - 35　设置"论文正文"样式

3. 设置多级列表

(1) 打开"定义新多级列表"对话框

单击"开始"选项卡→"段落"组→"多级列表"右侧的下拉按钮,在展开的列表库中选择"定义新的多级列表",弹出"定义新多级列表"对话框,单击左下方的"更多"按钮。

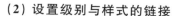

（2）设置级别与样式的链接

首先，在"单击要修改的级别"选择 1；其次，单击"将级别链接到样式"下拉按钮，选择"标题 1"。这样就将样式与多级列表进行了链接，如图 7-36 所示。

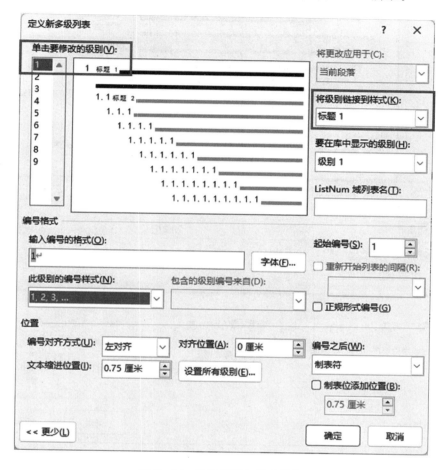

图 7-36　设置级别与样式链接

按照同样的方法，将级别 2 链接到样式"标题 2"。

（3）设置编号格式

① 选中级别 1，在"编号格式"栏"此级别的编号样式"下拉列表中选择"一，二，三"样式。

② 在"输入编号的格式"处显示"一"，在其前后输入"第""章"，输入后显示"第一章"。

③ 单击"输入编号的格式"右侧的"字体"按钮，弹出"字体"设置对话框，设置 1 级标题编号的字体为"黑体"、字号为"四号"，如图 7-37 所示。

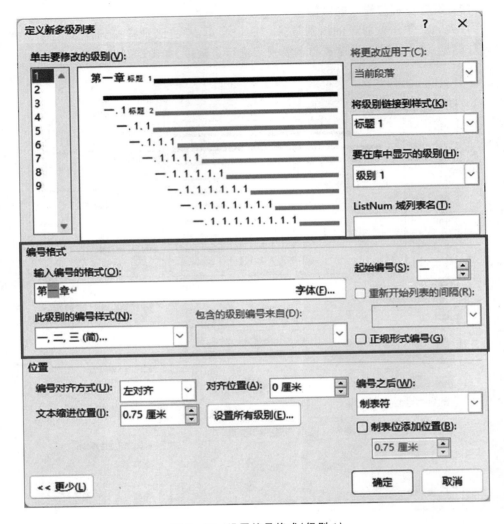

图 7-37　设置编号格式(级别 1)

④ 设置级别 2 的格式。选中编号样式,设置编号格式后,注意要选中"正规形式编号",如图 7-38 所示。

(4) 设置编号位置

选中级别 1,在"位置"栏设置"编号对齐方式"为"居中"、"对齐位置"为"0 厘米"、"文本缩进位置"为"0 厘米","编号之后"选择"空格",如图 7-39 所示。

选中级别 2,在"位置"栏设置"编号对齐方式"为"左对齐"、"对齐位置"为"0 厘米"、"文本缩进位置"为"0 厘米","编号之后"选择"空格",如图 7-40 所示。

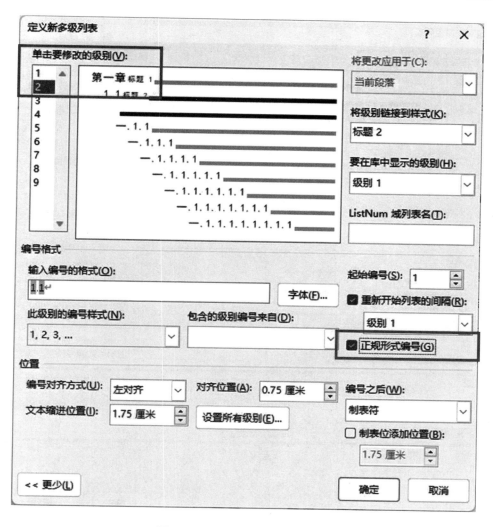

图 7 - 38　设置编号格式(级别 2)

多级列表设置完成后,在左侧的导航窗格内可以看到如图 7 - 41 所示的列表。

4. 图表编号和交叉引用

(1) 插入题注

单击"引用"选项卡→"题注"组→"插入题注"按钮,弹出"题注"对话框,单击"新建标签"按钮,弹出"新建标签"对话框,在标签文本框中输入"图",单击"确定"按钮,即创建了一个新标签"图",如图 7 - 42 所示。

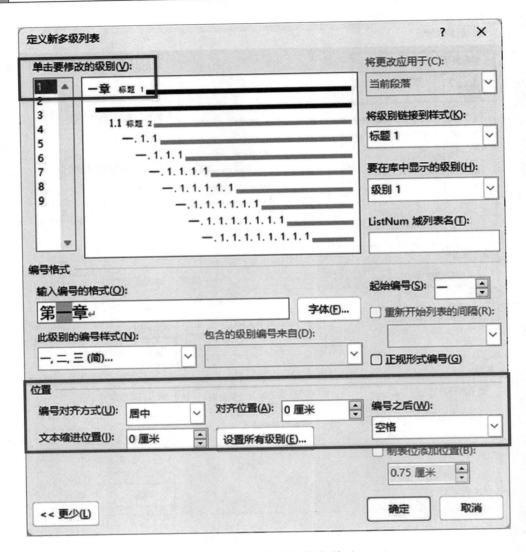

图 7-39　设置编号位置(级别 1)

在"题注"对话框中单击"编号"按钮,弹出"题注编号"对话框,选中"包含章节号",设定"章节起始样式"为"标题 1",单击"确定"按钮,即可以插入一个"图 1-1"字样的题注,如图 7-43 所示。

对于其他图的题注,直接复制、粘贴即可。右击选择"更新域"(或者按快捷键 F9),即可完成图号的更新。

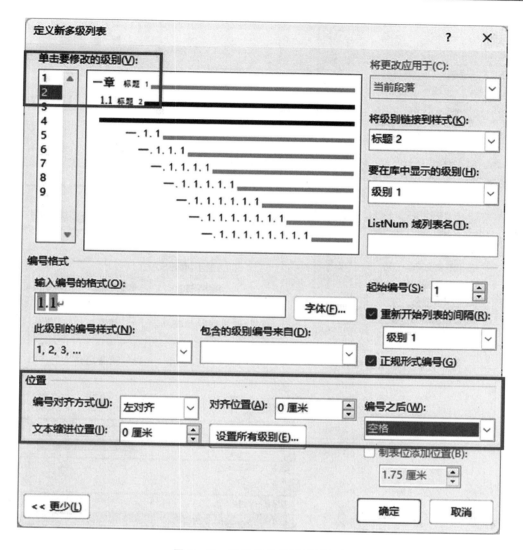

图 7 - 40 设置编号位置 (级别 2)

(2) 设置交叉引用

单击"引用"选项卡→"题注"组→"交叉引用"按钮,打开"交叉引用"窗口,分别选择引用类型"图"、引用内容"仅标签和编号",在"引用哪一个题注"栏选择"图 1 - 1",如图 7 - 44 所示。

按照同样的方法,在图引用的相应位置依次插入各个题注。

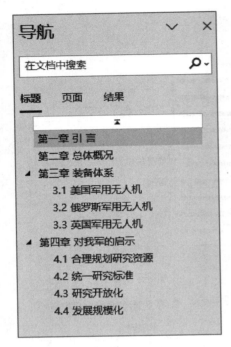

图 7 - 41　导航窗格列表

图 7 - 42　设置题注

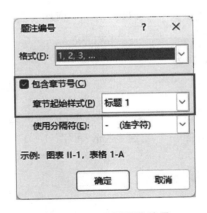

图 7 - 43　设置题注编号

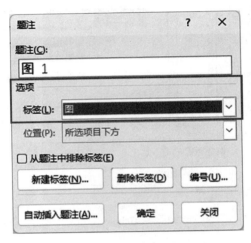

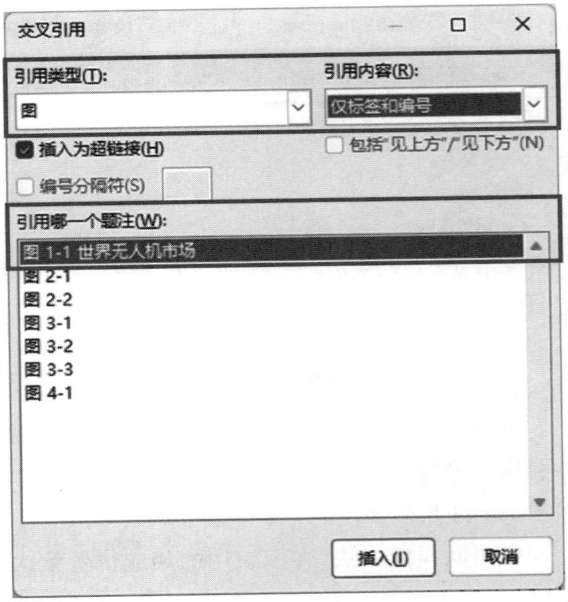

图 7 - 44　设置交叉引用

5. 插入分隔符

按照论文排版要求,文档分为封面、目录和正文,这三部分最显著的特点是页码系统不同。其中封面页、目录页无页码,正文页有页码,封面页、目录页均在奇数页,且奇偶页不同,奇数页页码在右边,偶数页页码在左边。因此,要使用分隔符将文档分为三部分。

将当前光标分别定位于封面页末尾、目录页末尾,单击"布局"选项卡→"页面设置"组→"分隔符"按钮→"分节符:奇数页"选项,在封面页、目录页的末尾添加"   分节符(奇数页)   "。插入分节符后预览效果(封面页)如图 7-45 所示。

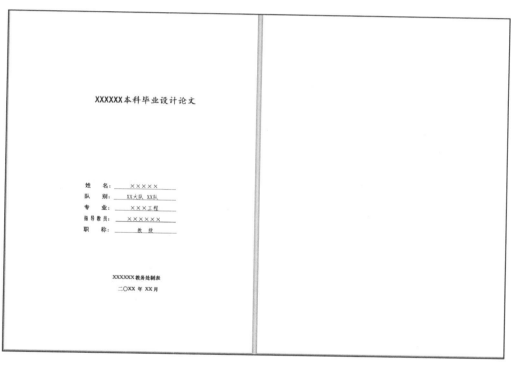

图 7-45 插入分节符后预览效果(封面页)

6. 插入目录

定位当前光标于目录位置,单击"引用"选项卡→"目录"组→"目录"按钮→"自定义目录"选项,弹出"自定义目录"对话框。

① 选择应用的目录样式。在"目录"对话框中,单击"选项"按钮,在弹出的"目录选项"对话框中选择目录在文档中设置的样式和级别,选择"标题 1 样式,级别 1""标题 2 样式,级别 2",如图 7-46 所示。

② 设置每一级目录格式。在"目录"对话框中单击"修改"按钮,设置级别 1 的目

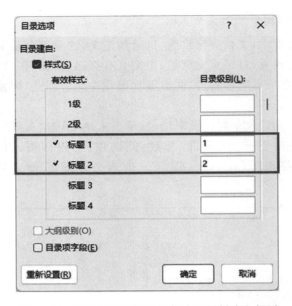

图 7-46　在"目录选项"对话框中设置样式和级别

录,格式为"四号,黑体",如图 7-47 所示。

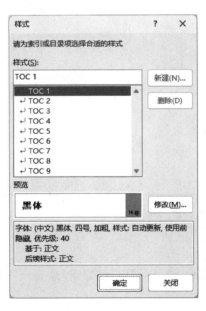

(a) 选择级别1目录

(b) 设置级别1目录的格式

图 7-47　设置级别 1 的目录

按照同样的方法,设置级别2目录的格式为"宋体,四号,段间距28磅"。

③ 选择目录模板样式。在"目录"对话框中,从"格式"下拉框中选择"来自模板",单击"确定"按钮即可,如图7-48所示。

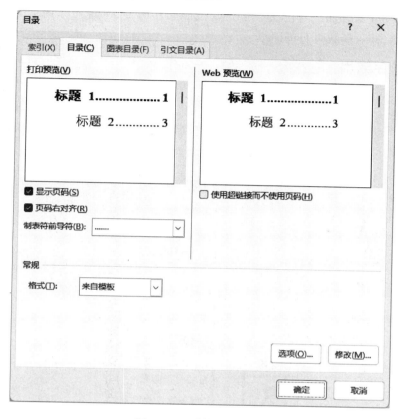

图 7-48　选取目录格式

7.　插入页眉页脚

(1)设置正文页脚为单独一节且奇偶页不同

将光标置于正文页脚位置,双击进入页眉页脚设置状态,在弹出的"页眉和页脚"选项卡→"导航"组中单击取消选中"链接到前一节"按钮,在"选项"组中选中"奇偶页不同"前的复选框。此时在奇数页页脚处显示 奇数页页脚-第2节-,在偶数页页脚处显示 偶数页页脚-第2节-。

(2)设置页码格式

将光标置于正文首页页脚最右侧,处于页眉页脚设置状态,单击"页眉和页脚"选项卡→"页眉和页脚"组→"页码"按钮→"设置页码格式"选项,弹出"页码格式"对话框,选择编号格式为"1,2,3",页码编号选择"起始页码:1",如图7-49所示。

（3）插入页码

将光标置于正文奇数页页脚最右侧，单击"页眉和页脚"选项卡→"页眉和页脚"组→"页码"按钮→"当前位置"→"普通数字"选项，即在奇数页插入数字1，设置字体为"Times New Roman"、字号为"五号"。按照同样的方法，将光标置于正文偶数页页脚最左侧，插入偶数页页脚即可。

8. 保存输出

选择"文件"→"导出"→"创建 PDF/XPS"菜单项，弹出"发布为 PDF/XPS"对话框，单击"选项"按钮，弹出"选项"对话框，选中"创建书签时使用标题"，单击"确定"按钮，如图 7 - 50 所示。最后单击"发布"按钮，即可生成一个带有文档结构图的 PDF 文档。

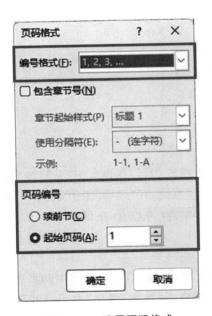

图 7 - 49　设置页码格式

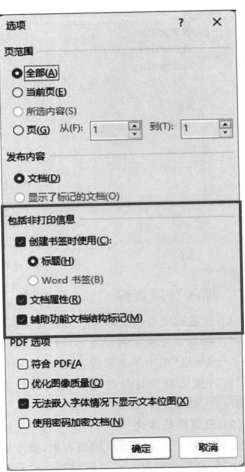

图 7 - 50　设置发布 PDF 时的选项

【思考问题】

① 本实验的实验步骤的顺序可以更改吗？请尝试更改并说出理由。

② 如何完成图表自动编号？

【拓展实验】

按照指定的排版模板对演讲稿进行排版。

实验三十　学生信息统计

【实验目的】

① 学会数据录入。

② 掌握用公式和函数对数据进行简单分析。

【实验内容】

在学生信息统计分析系统中已创建了学生信息表、学生综合成绩表和数据总表，如图 7-51～图 7-53 所示。已知学生的基本信息及各科的成绩，现要求将学生信息表、学生综合成绩表中的数据录入完整，并在数据总表中进行各班次数据的统计。

学号	姓名	身份证号码	出生日期	入学日期	政治面貌	年龄	班级	学历	年限
	蒋含卉	430623199507151828		2020/6/18	党员	125	1班	研究生	5
	韩小蝶	420984199401064562		2019/6/4	团员	125	1班	本科	6
	华光琴	510185198707259733		2018/5/30	群众	125	2班	本科	7
	吴祖香	510403199108081722		2017/3/26	团员	125	2班	研究生	8
	松冷安	350428198902243285		2015/1/31	群众	125	3班	大专	10
	秦侦	445281199211116350		2019/7/19	团员	125	3班	大专	6
	施玉亭	340801198907112469		2017/4/11	群众	125	4班	本科	8
	曹恩珍	430511198311153200		2019/11/10	团员	125	5班	本科	6
	冯艺	420205200001130475		2017/3/2	党员	125	5班	大专	8
	郎明珠	610623198604097032		2016/10/22	团员	125	3班	大专	9
	张倩	140303199902142732		2019/9/7	群众	125	6班	大专	6
	韩婷婷	610581199807190528		2018/2/21	团员	125	5班	研究生	7
	金龙婷	320831198901093398		2017/10/29	党员	125	2班	本科	8
	陈娇娇	320923198611125924		2020/7/2	团员	125	1班	研究生	5
	李粤	440507200101181766		2018/5/21	群众	125	2班	本科	7
	施琴	230281199805130775		2015/7/10	团员	125	3班	研究生	10
	沈敏茹	321182199011162706		2016/2/2	党员	125	5班	本科	9
	冯聪	370481199510090929		2020/11/26	团员	125	4班	大专	5
	姜景燕	533124199404067740		2015/1/25	党员	125	6班	研究生	10
	柳琦	330523199510152063		2018/3/2	团员	125	4班	大专	7
	戚梦娇	654322198911224503		2018/7/5	群众	125	2班	研究生	7
	严艳	371325199903043687		2020/1/14	团员	125	1班	大专	7
	尤妹妹	210801200007224732		2018/8/4	群众	125	5班	大专	7
	尤江霞	15043019880213326X		2017/3/12	团员	125	2班	研究生	8
	金杰	211301199503278474		2018/6/18	党员	125	2班	研究生	7
	杨琼	360733199110111878		2020/6/21	团员	125	3班	大专	5

图 7-51　学生信息表 1

学号	姓名	班级	基础理论成绩	实践课成绩	政治理论课成绩	专业课成绩	获奖加分	总成绩
61215400001	蒋含卉	1班	97	91	85	93	20	
61215400002	韩小蝶	1班	92	75	70	61	40	
61215400003	华光琴	2班	97	75	81	93	20	
61215400004	吴祖香	2班	95	91	81	93	0	
61215400005	松冷安	3班	92	91	85	87	10	
61215400006	秦侦	3班	97	91	85	87	40	
61215400007	施玉亭	4班	97	75	85	93	40	
61215400008	曹恩珍	5班	95	75	85	87	40	
61215400009	冯艺	5班	97	66	62	61	0	
61215400010	郎明珠	3班	95	75	85	87	40	
61215400011	张倩	6班	92	85	85	61	10	
61215400012	韩婷婷	5班	92	75	70	76	10	
61215400013	金龙婷	2班	97	91	85	87	10	
61215400014	陈娇娇	1班	95	91	81	61	40	
61215400015	李粤	2班	97	85	70	93	0	
61215400016	施琴	3班	95	75	85	92	20	
61215400017	沈敏茹	5班	97	85	70	93	0	
61215400018	冯聪	4班	95	75	81	87	20	
61215400019	姜景燕	6班	92	81	70	75	10	
61215400020	柳琦	4班	92	85	70	93	10	
61215400021	戚梦娇	2班	95	85	70	61	20	
61215400022	严艳	1班	95	91	81	61	10	
61215400023	尤妹妹	5班	92	75	70	87	10	
61215400024	尤江霞	2班	97	91	70	87	20	
61215400025	金杰	2班	95	91	81	61	10	
61215400026	杨琼	3班	95	85	85	92	10	

图 7 - 52　学生综合成绩表 1

班级	政治面貌			学历			总人数	学习情况	
	党员	团员	群众	大专	本科	研究生		平均成绩	评价结果
1班									
2班									
3班									
4班									
5班									
6班									
参数表									
班级	党员	团员	群众	大专	本科	研究生	总人数	平均成绩	评价结果

图 7 - 53　数据总表 1

数据录入完成后的效果如图 7 - 54～图 7 - 56 所示。

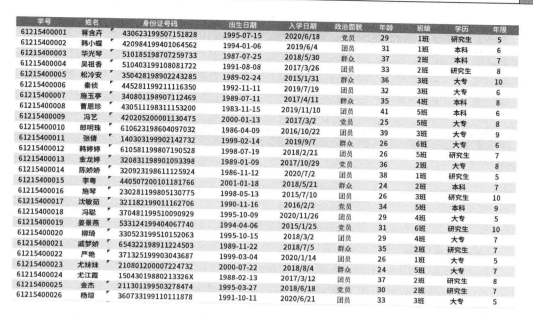

学号	姓名	身份证号码	出生日期	入学日期	政治面貌	年龄	班级	学历	年限
61215400001	蒋含卉	430623199507151828	1995-07-15	2020/6/18	党员	29	1班	研究生	5
61215400002	韩小蝶	420984199401064562	1994-01-06	2019/6/4	团员	31	1班	本科	6
61215400003	华光琴	510185198707259733	1987-07-25	2018/5/30	群众	37	2班	本科	7
61215400004	吴祖香	510403199108081722	1991-08-08	2017/3/26	团员	33	2班	研究生	8
61215400005	松冷安	350428198902243285	1989-02-24	2015/1/31	群众	36	3班	大专	10
61215400006	秦侦	445281199211116350	1992-11-11	2019/7/19	团员	32	3班	大专	6
61215400007	施玉亭	340801198907112469	1989-07-11	2017/4/11	群众	35	4班	本科	8
61215400008	曹恩珍	430511198311153200	1983-11-15	2019/11/10	团员	41	5班	本科	6
61215400009	冯艺	420205200011130475	2000-01-13	2017/3/2	党员	25	5班	大专	8
61215400010	郎明珠	610623198604097012	1986-04-09	2016/10/22	团员	39	3班	大专	9
61215400011	张倩	140303199902142732	1999-02-14	2019/9/7	群众	26	6班	大专	5
61215400012	韩婷婷	610581199807190528	1998-07-19	2018/2/21	团员	26	5班	研究生	7
61215400013	金龙婷	320831198901093398	1989-01-09	2017/10/29	党员	36	2班	大专	8
61215400014	陈娇娇	320923198611125924	1986-11-12	2020/7/2	团员	38	1班	研究生	5
61215400015	李粤	440507200101181766	2001-01-18	2018/5/21	群众	24	2班	本科	4
61215400016	施琴	230281199805130775	1998-05-13	2015/7/10	团员	26	3班	研究生	10
61215400017	沈敏茹	321182199011162706	1990-11-16	2016/2/2	党员	34	5班	本科	9
61215400018	冯聪	370481199510090929	1995-10-09	2020/11/26	团员	29	4班	大专	5
61215400019	姜景燕	533124199404067740	1994-04-06	2015/1/25	党员	31	6班	研究生	10
61215400020	柳琦	330523199510152063	1995-10-15	2018/3/2	团员	29	4班	大专	7
61215400021	戚梦娇	654322198911224503	1989-11-22	2018/7/5	群众	35	2班	研究生	7
61215400022	严艳	371325199903043687	1999-03-04	2020/1/14	团员	26	1班	大专	5
61215400023	尤妹妹	210801200007224732	2000-07-22	2018/8/4	群众	24	5班	大专	6
61215400024	尤江霞	15043019880213326X	1988-02-13	2017/3/12	团员	37	2班	研究生	8
61215400025	金杰	211301199503278474	1995-03-27	2018/6/18	党员	30	2班	研究生	7
61215400026	杨琼	360733199110111878	1991-10-11	2020/6/21	团员	33	3班	大专	5

图 7－54　学生信息表 2

学号	姓名	班级	基础理论成绩	实践课成绩	政治理论课成绩	专业课成绩	获奖加分	总成绩
61215400001	蒋含卉	1班	97	91	85	93	20	386
61215400002	韩小蝶	1班	92	75	70	61	40	338
61215400003	华光琴	2班	97	75	81	93	20	366
61215400004	吴祖香	2班	95	91	81	93	0	360
61215400005	松冷安	3班	92	91	85	87	10	365
61215400006	秦侦	3班	97	91	85	87	40	400
61215400007	施玉亭	4班	97	75	85	93	40	390
61215400008	曹恩珍	5班	95	75	85	87	40	382
61215400009	冯艺	5班	97	66	62	61	0	286
61215400010	郎明珠	3班	95	75	85	87	40	382
61215400011	张倩	6班	92	85	85	61	10	333
61215400012	韩婷婷	5班	92	75	70	76	10	323
61215400013	金龙婷	2班	97	91	85	87	10	370
61215400014	陈娇娇	1班	95	91	81	61	40	368
61215400015	李粤	2班	97	85	70	93	0	345
61215400016	施琴	3班	95	75	85	92	20	367
61215400017	沈敏茹	5班	97	85	70	93	0	345
61215400018	冯聪	4班	95	75	81	87	20	358
61215400019	姜景燕	6班	92	81	70	75	10	328
61215400020	柳琦	4班	92	85	70	93	10	350
61215400021	戚梦娇	2班	95	85	70	61	20	331
61215400022	严艳	1班	95	91	81	61	10	338
61215400023	尤妹妹	5班	92	75	70	87	10	334
61215400024	尤江霞	2班	97	91	70	87	20	365
61215400025	金杰	2班	95	91	81	61	10	338
61215400026	杨琼	3班	95	85	85	92	10	367

图 7－55　学生综合成绩表 2

	A	B	C	D	E	F	G	H	I	J	K	L	M	N
1		政治面貌			学历				学习情况					
2	班级	党员	团员	群众	大专	本科	研究生	总人数	平均成绩	评价结果			最低档	评价结果
3	1班	15	24	14	16	17	20	53	357.15	良好			0	不合格
4	2班	7	10	15	10	14	8	32	351.97	合格			350	合格
5	3班	12	11	9	14	9	9	32	361.34	优秀			355	良好
6	4班	13	16	11	14	16	10	40	355.7	良好			360	优秀
7	5班	20	9	11	11	17	12	40	353	合格				
8	6班	12	5	10	7	7	13	27	350.15	合格				
9														
10														
11						参数表								
12	班级	党员	团员	群众	大专	本科	研究生	总人数	平均成绩	评价结果				
13	1班	15	24	14	16	17	20	53	357.15	良好				
14	1班													
15	2班													
16	3班 4班													
17	5班													
18	6班													

图 7-56　数据总表 2

详细的要求如下：

① 填充学生信息表中的学号、出生日期。

② 修改学生信息表中入学日期这一列中格式错误的数据。

③ 计算学生综合成绩表中每名学生的总成绩。

④ 完成数据总表中各班次统计数据的填充。

【实验材料与工具】

① 一台计算机。

② Office 软件。

【实验步骤】

通过分析学生信息表可以看出，学号的前几位是相同的，而且它是递增变化的；身份证号码中包含出生日期信息；入学日期中部分数据非日期格式。计算每名学生的总成绩需要利用求和公式实现。数据总表中每班的党员、团员、群众、大专、本科、研究生人数，以及各班总人数均需统计，另外还需要统计每班的平均成绩以及评价结果（不合格、合格、良好、优秀）。

其中需要用的知识点包括：自定义格式、日期格式、求和数据的录入、统计函数的使用、单元格的引用以及 VLOOKUP 查找函数的使用方法。

1. 数据录入

(1) 学号录入

方法一：

① 选中学生信息表中学号这一列的第一个单元格并双击，录入“61215400001”。

② 在同列的下一单元格中录入“61215400002”。

③ 同时选中这两个单元格，将鼠标放置于选中单元格的右下角，在它变为“黑十

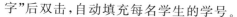

字"后双击,自动填充每名学生的学号。

方法二:

① 选中学生信息表中学号这一列。

② 利用自定义功能设置单元格格式为长文本类型,在类型中输入"61215400000",单击"确定"按钮。

③ 当在单元格中输入"1"时,自动显示"61215400001";当输入"2"时,自动显示"61215400002"。

④ 同时选中输入数据的两个单元格,将鼠标放置于选中单元格的右下角,在它变为"黑十字"后双击,自动填充每名学生的学号。

(2) 出生日期录入

① 通过 MID 函数在身份证号码中截取出生日期的信息。

② 利用自动填充功能,实现该列数据的录入。

③ 选中该列数据,单击"复制"按钮,在该位置粘贴,所有数据均变为文本格式。

④ 选中该列数据,单击"数据"选项卡→"数据工具"组→"分列"按钮,打开"文本分列向导"对话框。向导共分为 3 步,按照步骤,直到第 3 步要选择"列数据格式"下的"日期",即可完成操作。

(3) 入学日期数据格式调整

利用分列的功能将该列所有数据转换为日期格式。具体操作如下:

选中该列数据,单击"数据"选项卡→"数据工具"组→"分列"按钮,打开"文本分列向导"对话框。向导共分为 3 步,按照步骤,直到第 3 步要选择"列数据格式"下的"日期",即可完成操作。

(4) 学生总成绩录入

① 选中学生综合成绩表中总成绩这一列中第一名学生对应的单元格,单击"公式"选项卡→"函数库"组→"自动求和"按钮→"求和"选项,在 I2 单元格自动出现函数"＝SUM(D2:H2)",且自动用虚框选中 D2:H2 区域,表示自动对这个区域进行求和,如果要改变求和区域,则通过鼠标选择要求和的区域即可。

② 将鼠标放置在该单元格右下角,在它变为"黑十字"后双击,自动完成该列数据的填充。

2. 使用统计函数统计数据

在数据总表中对每班学生中党员、团员、群众、大专、本科、研究生人数,以及总人数、平均成绩进行数据统计,需要用到 COUNTIFS 函数、AVERAGEIF 函数和单元格的引用等功能。

(1) 使用 COUNTIFS 函数统计数据

统计 1 班的党员人数的步骤如下:

① 选中数据总表中 1 班党员人数对应的单元格,单击"公式"选项卡→"函数库"

组→"插入函数"按钮,选择 COUNTIFS 函数。

② 在弹出的函数参数录入对话框中,依次录入统计区域1"学生信息表中的政治面貌字段"(对应统计条件 1 为党员)、统计区域 2"学生信息表中的班级字段"(对应统计条件 2 为 1 班),公式输入为"=COUNTIFS(学生信息表! F:F,B2,学生信息表! H:H,A3)",如图 7-57 所示。

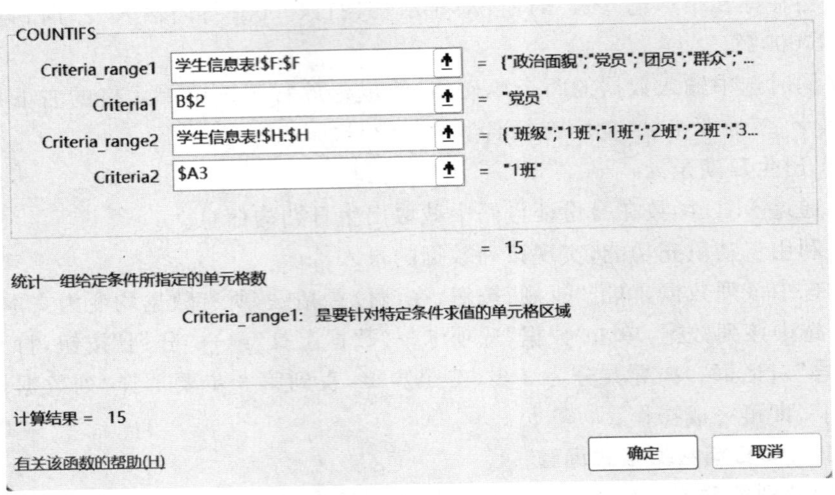

图 7-57   统计 1 班的党员人数

③ 单击"确定"按钮后,统计数据自动生成到单元格 B3 中。

为了快速填充类似数据,可以采用单元格引用的方法实现所有班次党员、团员、群众人数的录入。

单元格的相对引用:在公式中引用的单元格的地址与单元格的位置有关。单元格的地址随单元格位置的变化而变化。

单元格的绝对引用:在公式中引用的单元格的地址与单元格的位置无关。单元格的地址不随单元格位置的变化而变化,无论将这个公式粘贴到任何单元格,公式所引用的还是原来单元格的数据。

单元格的相对引用与单元格的绝对引用之间用 F4 键来进行切换。

为了将输入的统计 1 班党员人数的函数快速应用到团员、群众人数以及其他班级相关人数的统计中,依据单元格引用的方法,将公式修改为"=COUNTIFS(学生信息表! $F:$F,B$2,学生信息表! $H:$H,$A3)"。然后将鼠标放置在单元格右下角,在它变为"黑十字"后横向拖动、纵向拖动,所有单元格都自动填充了对应的统计数据。

统计各班不同学历的人数的方法同统计不同政治面貌的人数的方法相同。在统计 1 班的大专人数中,输入的统计函数参数如图 7-58 所示。

为了将输入的统计 1 班大专人数的函数快速应用到本科、研究生人数以及其他

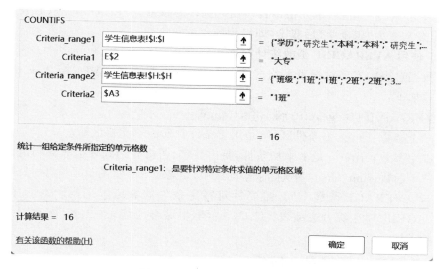

图 7 - 58　统计 1 班的大专人数

班级相关人数的统计中,依据单元格引用的方法,将公式修改为"＝COUNTIFS(学生信息表! ＄I:＄I,E＄2,学生信息表! ＄H:＄H,＄A3)"。然后将鼠标放置在单元格右下角,在它变为"黑十字"后横向拖动、纵向拖动,所有单元格都自动填充了对应的统计数据。

（2）使用 COUNTIF 函数统计数据

采用 COUNTIF 函数实现各班人数统计。具体步骤如下:

① 选中 1 班总人数对应的录入单元格。

② 单击"公式"选项卡→"函数库"→"插入函数"按钮,选择 COUNTIF 函数。输入的统计函数参数如图 7 - 59 所示。

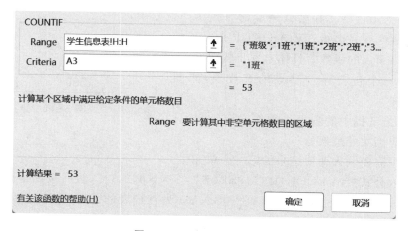

图 7 - 59　统计 1 班总人数

③ 单击"确定"按钮,单元格中自动填入统计的数据。然后将鼠标放置在单元格右下角,在它变为"黑十字"后双击,即得到各班的总人数。

(3) 使用 AVERAGEIF 函数统计数据

在数据总表中实现对每班平均成绩的汇总,就需要用到 AVERAGEIF 函数,函数的格式如下:

> AVERAGEIF(range,criteria,sum_range)

第一个参数:range 为条件区域,是用于条件判断的单元格区域。

第二个参数:criteria 是求平均条件,是由数字、逻辑表达式等组成的判定条件。

第三个参数:sum_range 为实际求平均区域,是需要求平均的单元格、区域或引用。

它与 AVERAGE 函数不同,需要针对特定条件的数值求平均。本例中,利用"AVERAGEIF(学生综合成绩表! C:C,A3,学生综合成绩表! I:I)"实现对 1 班平均成绩的求解。

3. 使用查找函数录入数据

VLOOKUP 函数是 Excel 中的一个纵向查找函数,在工作中应用广泛。例如,可以用来核对数据、在多个表格之间快速导入数据等。其功能是按列查找,最终返回该列所需查询序列所对应的值。其语法规则如下:

> VLOOKUP(lookup_value,table_array,col_index_num,[range_lookup])

其中,lookup_value 为需要在数据表第一列中进行查找的值;table_array 为需要在其查找数据的数据表;col_index_num 为 table_array 中查找数据的数据列序号;range_lookup 为一逻辑值,指明函数 VLOOKUP 查找时是精确匹配还是近似匹配。

(1) 评价结果的录入

在数据总表中,评价结果按照如下规则完成计算:若平均成绩达到 360,则为优秀;355～360(包含 355)为良好,350～355(包含 350)为合格,否则为不合格。利用 if 嵌套的方式实现较复杂,且编写函数时容易出错。VLOOKUP 是一种较好地实现评价结果录入的函数。具体实现步骤如下:

① 建一个包含评价结果的查找表,如图 7 - 60 所示。

最低档	评价结果
0	不合格
350	合格
355	良好
360	优秀

图 7 - 60 查找表

注意:最低档中的数据必须按升序排列,且每一个数据为对应档次的最低分。

② 选中需要输入评价结果的第一个单元格。

③ 输入公式"=VLOOKUP(I3,$M$2:$N$6,2,1)",然后按回车键。其中,I3 为要在查找表中查找的值;$M$2:$N$6 为查找表的区域,由于该区域是固定不变的,因此采用绝对引用;2 为录入数据所在的查找表中的列数;1 表示近似匹配,由于在查找表中不能精确表示查找的值,因此采用模糊查找的方式实现。查找表中

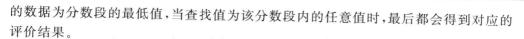

的数据为分数段的最低值,当查找值为该分数段内的任意值时,最后都会得到对应的评价结果。

④ 将鼠标放置在单元格右下角,在它变为"黑十字"后双击,即得到每一班次的评价结果。

(2)参数表中数据的录入

参数表中的班级列中的数据通过下拉菜单实现,选择不同的班级,表中后面的字段会显示对应的统计数据。通过 VLOOKUP 函数能够较好地实现,具体实现步骤如下:

① 选中"A13"单元格,单击"数据"选项卡→"数据工具"组→"数据验证"按钮→"数据验证"选项。

② 在弹出的对话框中,验证条件选择"序列",在来源中单击右侧向上的小箭头,选择序列中的内容为"A3~A8"中的内容。

③ 在参数表的党员字段对应输入数据单元格中,输入函数"＝VLOOKUP($A13,$A$2:$J$8,2,0)"即得到该字段的值。

④ 拖动鼠标,为表中其他字段录入数据。此时表中的数据相同,主要是因为函数参数的第3个参数都设置为2,表示都是查找的查找表的第2列,需要依次将该参数的值改为对应列的值。

【思考问题】

相对引用和绝对引用的适用场合有哪些?

【拓展实验】

完成如图 7-61 所示的员工工资表的设计和计算。

编制单位:　　　　　　　　　　　　　所属月份:　　　　　　　　　　　　金额单位:元

序号	姓名	部门	应发工资					扣款项				实发金额	排名	评定
			基本工资	效益提交	奖金	交通补贴	小计	迟到	事假	五险	小计			
1	王荣	销售	2200	1000	500	100		50		310.06				
2	周国涛	后勤	2500	900	600	100				310.06				
3	陈怡	销售	2200	1200	800	100			100	310.06				
4	周淳	财务	2100	1100	700	100				310.06				
5	周蓓	广告	2500	1500	600	100		50		310.06				
6	夏慧	销售	2200	2000	1000	100				310.06				
7	韩文	企划	2300	950	700	100		100		310.06				
8	葛丽	财务	2100	1000	600	100				310.06				
9	张飞	企划	2300	1300	500	100			100	310.06				
10	刘江波	销售	2200	1100	800	100				310.06				
11	韩燕	销售	2200	1200	900	100				310.06				
12	王磊	广告	2500	1700	1000	100				310.06				
13	郝艳艳	销售	2200	1600	600	100				310.06				
14	陶丽丽	财务	2100	750	800	100		50		310.06				
合计值														
平均值														

图 7-61 员工工资表

实验三十一 数据看板制作

【实验目的】

学会应用图表对数据进行分析。

【实验内容】

根据实验三十,在学生信息统计分析系统完成所有数据录入后,利用图表实现对各班政治面貌占比情况、学历占比情况、各班成绩的对比分析。

在系统中设计了数据看板的样式,如图7-62所示。

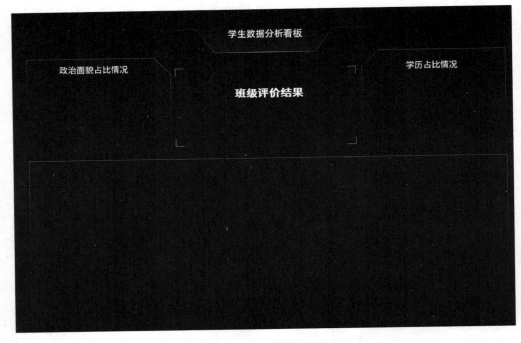

图7-62 数据看板样式

插入图表后,显示效果如图7-63所示:

① 政治面貌占比情况(圆环图)。

② 学历占比情况(圆环图)。

③ 班级评价结果显示。

④ 各班平均成绩分布(条形图)。

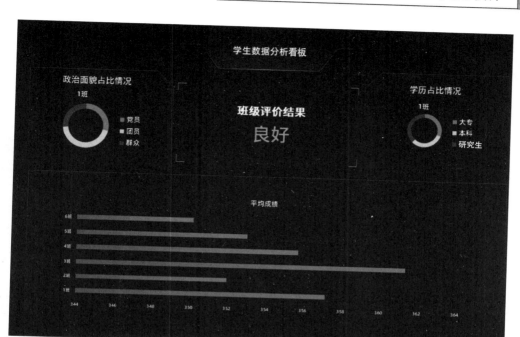

图 7 - 63　显示效果

【实验材料与工具】

① 一台计算机。
② Office 软件。

【实验步骤】

1. 政治面貌占比情况统计

① 选中数据总表参数表中班级及政治面貌字段,如图 7 - 64 所示。

班级	党员	团员	群众
1班	15	24	14

图 7 - 64　政治面貌图表数据

② 将图表模板导入。首先,单击"插入"选项卡→"图表"组右下角的"命令启动器"按钮,如图 7 - 65 所示,打开"插入图表"对话框;然后,选中"所有图表",单击左下角的"管理模板"按钮,打开存放模板的路径,将准备好的图表模板导入,如图 7 - 66 所示。

图 7-65　打开"插入图表"对话框

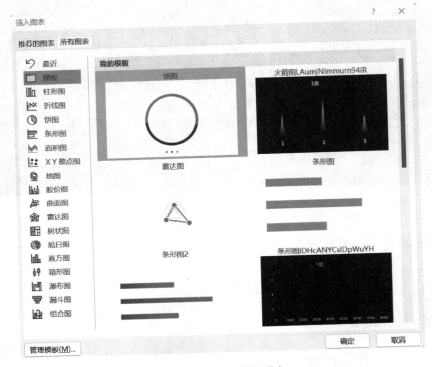

图 7-66　图表模板导入

③ 在"所有图表"中选择模板,可以在此找到导入的图表模板,如图 7-67 所示,在其中选择"圆环图 3",单击"确定"按钮。

④ 将该图表复制到数据看板的对应位置,调整图表大小。

利用相同的方法实现学历占比情况统计。

2. 班级评价结果统计

① 在数据看板的班级评价结果下方,合并单元格。

② 输入"=数据总表!$J$13",将字体修改为 48 号、鲜绿、个性色 2,显示结果如图 7-68 所示。

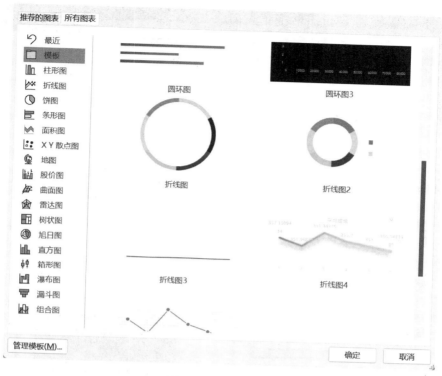

图 7-67　模板选择

图 7-68　班级评价结果

3. 各班平均成绩分布统计

① 选中数据总表中班级及平均成绩字段,如图 7-69 所示。

② 单击"插入"选项卡→"图表"组右下角的"命令启动器"按钮,打开"插入图表"对话框;选择"所有图表",单击"模板"按钮,在其中找到"条形图 2",单击"确定"按钮,如图 7-70 所示。

班级	政治面貌			学历			总人数	学习情况	
	党员	团员	群众	大专	本科	研究生		平均成绩	评价结果
1班	15	24	14	16	17	20	53	357.15	良好
2班	7	10	15	10	14	8	32	351.97	合格
3班	12	11	9	14	9	9	32	361.34	优秀
4班	13	16	11	14	16	10	40	355.7	良好
5班	20	9	11	11	17	12	40	353	合格
6班	12	5	10	7	7	13	27	350.15	合格

图 7 - 69　数据选择

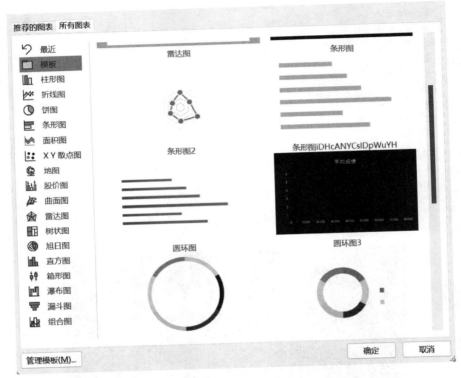

图 7 - 70　条形图选择界面

③ 将该图表复制到数据看板的对应位置,调整图表大小。

在生成的数据看板中,圆环图和班级评价结果会随着数据总表参数表中数据的变化而变化。

【思考问题】

当生成图表时,"系列产生在行"与"系列产生在列"的区别是什么?

【拓展实验】

比较某公司各个季度的销售报表,以条形图(或饼图)的方式显示。

实验三十二 创建"淮安美食"演示文稿

【实验目的】

① 能够进行幻灯片整体格式规划、内容规划。
② 学会制作幻灯片的封面页、目录页、过渡页、内容页、封底页等。
③ 学会制作图形蒙版。
④ 学会文字、图片混排。

【实验内容】

创建"淮安美食"演示文稿,效果如图 7-71 所示。

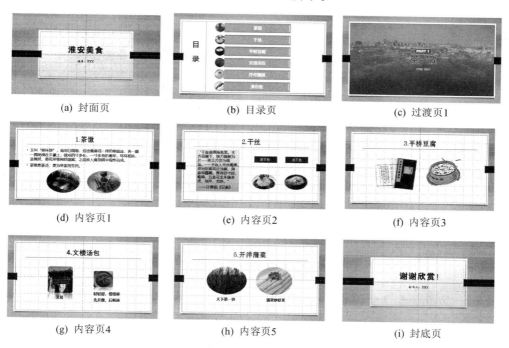

(a) 封面页	(b) 目录页	(c) 过渡页1
(d) 内容页1	(e) 内容页2	(f) 内容页3
(g) 内容页4	(h) 内容页5	(i) 封底页

图 7-71 "淮安美食"演示文稿效果

【实验步骤】

1. 新建演示文稿

(1) 创建演示文稿

① 单击计算机左下方的"开始"按钮→PowerPoint 软件，或者可以直接在计算机桌面打开 PowerPoint 软件。

② 利用程序自带的模板创建演示文稿。单击"更多主题"按钮，出现"主题"界面，如图 7-72 所示，选择"环保"主题。

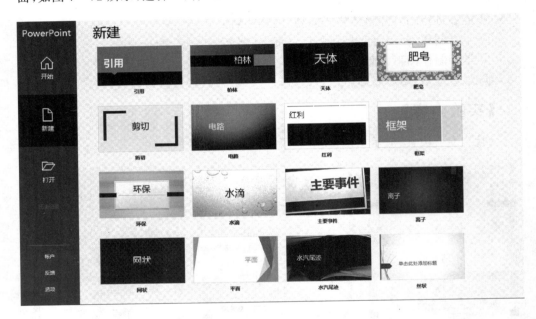

图 7-72 选择主题

此时，新建了一个演示文稿。默认创建的演示文稿只有一张幻灯片——只包含占位符的空白幻灯片。

> **提示：模板**
>
> 模板是演示文稿的背景，定义了幻灯片的整体设计风格，包括使用的版式、色调，以及使用什么图形、图片作为设计元素等。PowerPoint 中的模板有三种来源：一是软件自带的模板；二是通过专业网站下载的模板；三是自己制作的模板。

③ 单击"设计"选项卡→"变体"组右侧的下拉按钮，弹出"变体"界面，如图 7-73 所示，设置统一的颜色、字体、效果及背景样式。如在本例中设置标题字体为"黑体"、正文字体为"微软雅黑"，如图 7-74 所示。

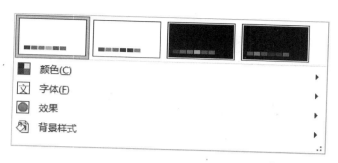

图 7-73　选择变体

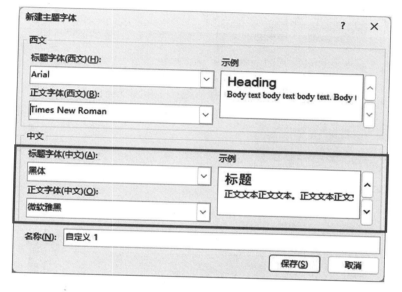

图 7-74　设置主题字体

④ 此时即可按选中的模板、配色方案、字体等来创建演示文稿。

（2）新建幻灯片

① 单击"开始"选项卡→"幻灯片"组→"新建幻灯片"下拉按钮，在下拉菜单中选择想要使用的版式，默认为"标题和内容"版式，如图 7-75 所示。

② 单击即可以此版式创建一张新的幻灯片，如图 7-76 所示。

③ 此时，在此幻灯片中编辑文本内容，如图 7-77 所示。

> **知识扩展：快速新建幻灯片**
>
> 在幻灯片窗格中选中目标幻灯片后，按下回车键或 Ctrl＋M 组合键，可以依据上一张幻灯片的版式创建新幻灯片。

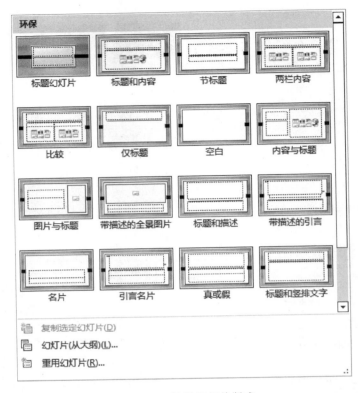

图 7 - 75   选择幻灯片版式

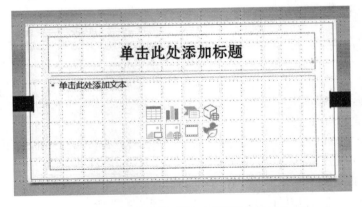

图 7 - 76   新建"标题和内容"版式幻灯片

(3) 保存演示文稿

① 创建演示文稿后要进行保存操作。选择"文件"→"另存为"→"浏览"菜单项，弹出"另存为"对话框。

② 在地址栏中选择保存的位置，输入文件名，单击"保存"按钮即可。

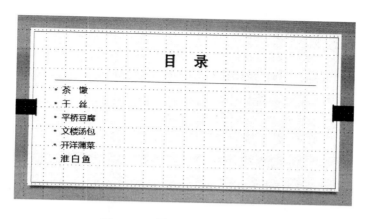

图 7 - 77　键入内容后的目录页

2. 幻灯片整体布局

（1）设置幻灯片大小

① 单击"设计"选项卡→"自定义"组→"幻灯片大小"下拉按钮,弹出"更改幻灯片大小"下拉框,如图 7 - 78 所示。

宽屏（16：9）的尺寸大小为宽 33.867 cm×高 19.05 cm,标准（4：3）的尺寸大小为宽 25.4 cm×高 19.05 cm。人们常使用的幻灯片大小是标准（4：3）、宽屏（16：9）,选择哪一种由投影到的设备尺寸大小决定。如果想设置其他尺寸,则单击"自定义幻灯片大小"按钮,在弹出的"幻灯片大小"对话框中,单击"幻灯片大小"编辑框右侧的下拉按钮,在下拉列表中选择合适的选项或输入具体的数值,如图 7 - 79 所示。

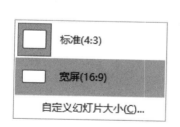

图 7 - 78　选择幻灯片大小

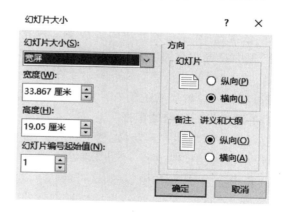

图 7 - 79　自定义幻灯片大小

② 此时,完成设定幻灯片大小为宽屏（16：9）。

（2）定制统一的文字格式

利用母版定制统一的文字格式：一是统一主题风格，即使演示文稿中所有幻灯片的表现信息的手法一致，包括幻灯片中文字的色彩、样式、效果等；二是统一设计元素，即使演示文稿中所有幻灯片使用统一的页面元素，包括页眉、页脚等。利用母版定制统一的文字格式的步骤如下：

① 单击"视图"选项卡→"母版视图"组→"幻灯片母版"按钮，进入母版视图，在左侧列表中选中"标题和内容"版式母版，如图 7－80 所示。

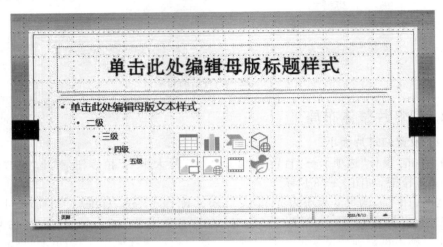

图 7－80　"标题和内容"版式母版

② 选中"单击此处编辑母版标题样式"文字，在"开始"选项卡→"字体"组中设置标题文字的格式（字体、字形与颜色等）。

③ 依次选中"单击此处编辑母版文本样式、二级……"文字，在"开始"选项卡→"字体"组中设置文字的格式（字体、字形与颜色等）。

④ 单击"幻灯片母版"选项卡→"关闭"组→"关闭母版视图"按钮 ⊠，回到幻灯片中，可以看到所设置版式的幻灯片中文本格式设置的显示效果。

（3）添加统一的修饰图形

在母版中添加共有元素，如统一的 LOGO 标志、修饰图形等。操作步骤如下：

① 单击"视图"选项卡→"母版视图"组→"幻灯片母版"按钮，进入母版视图，在左侧列表中选中"标题和内容"版式母版。

② 单击"插入"选项卡→"图像"组→"图片"按钮→"此设备"选项，在地址栏中依次进入图片的保存位置，选中图片，如图 7－81 所示。

③ 单击"插入"按钮，即可在所有的"标题和内容"版式中插入 LOGO 图片。根据需要修改图片大小、移动图片位置，如图 7－82 所示。

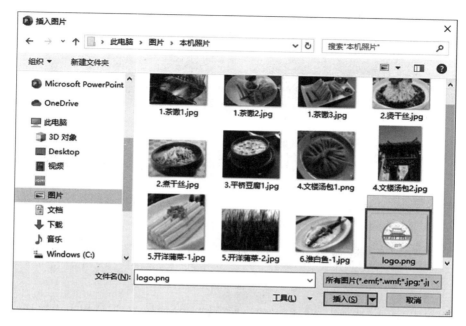

图 7 - 81　选中图片

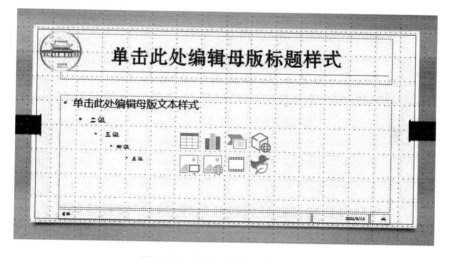

图 7 - 82　插入后的 LOGO 图片

（4）自定义版式

系统自带了 11 种版式，比如"标题幻灯片""标题和内容""空白"等。如果想使用列表中没有的版式，则可以自定义创建新的版式。

创建一个"目录"版式，以"标题和内容"版式为基础进行修改。

① 单击"视图"选项卡→"母版视图"组→"幻灯片母版"按钮，进入母版视图；单

击"幻灯片母版"选项卡→"编辑母版"组→"插入版式"按钮,添加自定义版式,如图 7 - 83 所示。

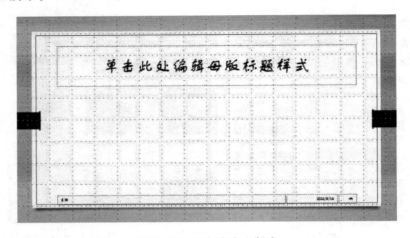

图 7 - 83 添加自定义版式

② 单击"插入"选项卡→"插图"组→"形状"下拉按钮,在下拉列表中选择"直线"图形样式,此时光标变成十字图形样式,按住 Shift 键,完成竖线的绘制,如图 7 - 84 所示。

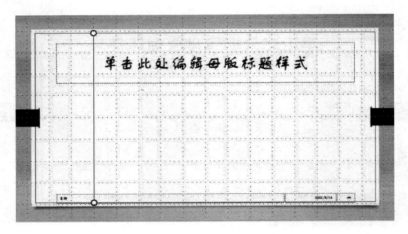

图 7 - 84 绘制竖线

③ 选中竖线,单击"形状格式"选项卡→"形状样式"组→"形状轮廓"下拉按钮,在下拉列表中选择"取色器",把鼠标移到需要取色的位置处,鼠标呈现吸管样式,取得与边框绿色同色的颜色,如图 7 - 85 所示。

在"形状轮廓"下拉列表中选择"粗细"→"1.5 磅"菜单项,如图 7 - 86 所示。

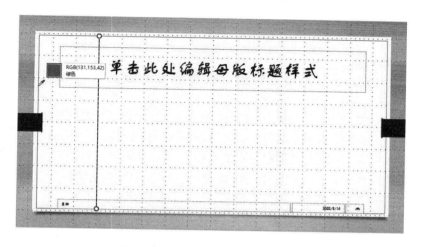

图7-85　利用取色器设置直线颜色

④ 单击"幻灯片母版"选项卡→"母版版式"组→
"插入占位符"下拉按钮,在下拉列表中选择"文字(竖
排)"版式,如图7-87(a)所示。此时光标变成十字图
形样式,在页面空白处拖动鼠标,出现选中的版式,如
图7-87(b)所示。

⑤ 在上述占位符中,删除二级、三级、四级、五级
标题,取消项目符号和编号,设置竖版文本的字体为
"方正大黑简体"、字号为"44",效果如图7-88所示。

⑥ 单击新插入的幻灯片母版,右击,选择"重命
名版式"选项,弹出"重命名版式"对话框,将版式命名
为"目录",如图7-89所示。

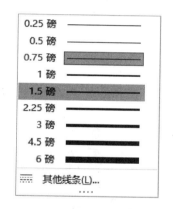

图7-86　设置线型粗细

⑦ 设置完成后,关闭母版视图。单击"开始"选项卡→"幻灯片"组→"新建幻灯
片"下拉按钮,在下拉列表中选择"目录"版式,如图7-90所示。

插入"目录"版式幻灯片后,在左侧的占位符中输入"目录",效果如图7-91
所示。

(5) 设置背景

常见的背景主要有纯色背景、图片背景、纹理背景及图案填充背景等。如果想为
所有的幻灯片应用统一的背景效果,则需要进入母版中进行设置;如果想为某张幻灯
片应用某一个背景效果,则直接进行背景格式设置即可。本例演示设置图片背景封
面设置过程:

① 单击"开始"选项卡→"幻灯片"组→"新建幻灯片"下拉按钮,在下拉列表中选

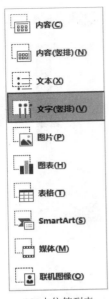

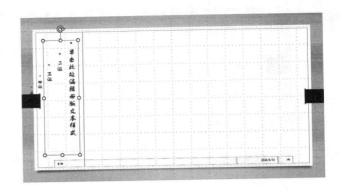

(a) 占位符列表　　　　　　　　(b) 插入"文字(竖版)"占位符效果

图 7 - 87　插入占位符

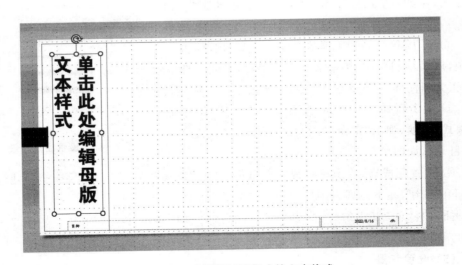

图 7 - 88　设置"目录"版式的文本格式

择"标题幻灯片"版式,即在当前光标处插入了一张标题幻灯片。

② 选中标题幻灯片,右击,选择"设置背景格式"命令,打开"设置背景格式"右侧窗格,如图 7 - 92 所示。

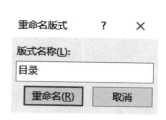

图 7 – 89 "重命名版式"对话框

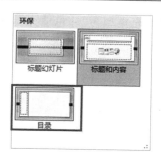

图 7 – 90 选择"目录"版式

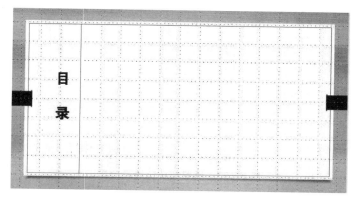

图 7 – 91 插入"目录"版式效果

图 7 – 92 "设置背景格式"窗格

③ 选择填充类型为"纯色填充",选中"隐藏背景图形",如图 7 - 93 所示。

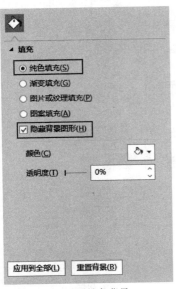

(a) 设置纯色背景

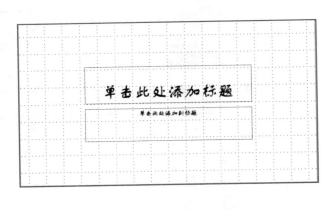

(b) 设置纯色背景效果

图 7 - 93　设置纯色背景及效果

④ 单击"插入"选项卡→"图像"组→"图片"按钮→"此设备"选项,在地址栏中依次进入图片的保存位置,选中图片。插入图片后的效果如图 7 - 94 所示。

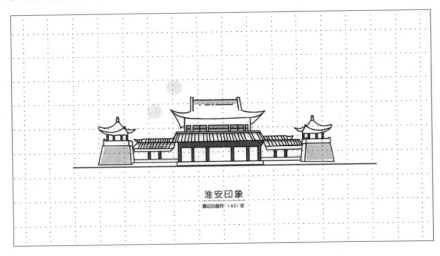

图 7 - 94　图片背景设置效果

3. 幻灯片内容规划

规划整体布局后,可以为幻灯片添加内容,首先要考虑的是添加哪些内容。为了使思路更加清晰,利用思维导图软件 Xmind 绘制"淮安美食"思维导图,如下图 7 - 95 所示。

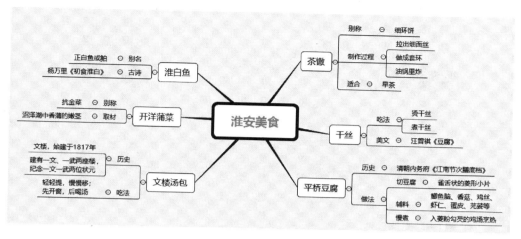

图 7 - 95　思维导图框架

4. 封面页制作

(1) 插入空白标题幻灯片

在上述选定"环保"主题幻灯片模板中插入"标题幻灯片"版式,即可插入如图 7 - 96 所示的空白标题幻灯片。

图 7 - 96　空白标题幻灯片

(2) 输入内容

在标题占位符处输入"淮安美食",在副标题占位符处输入"姓名:XXX",即可得到如图 7 - 97 所示的标题幻灯片。

图 7 - 97　标题幻灯片

（3）制作书法体

如果想让标题更加具有独特性，则把标题文字字体制作为书法体。打开浏览器，在地址栏内输入 http://www.shufami.com/，即可打开"书法迷"网站。输入标题，选择字号、行距、颜色，为每个字单独选择不同的书法体，如图 7 - 98 所示。

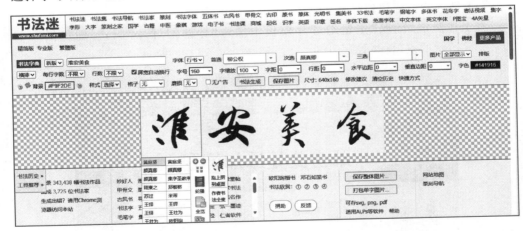

图 7 - 98　在"书法迷"网站生成书法体

制作完成书法体的标题后，单击"保存整体图片"或"打包单字图片"按钮，将制作好的标题保存成"透明 PNG"格式，如图 7 - 99 所示，再插入到幻灯片中的标题处即可。

5．目录页制作

（1）插入"目录"版式

单击"开始"→"幻灯片"组→"版式"按钮，选择"目录"版式，即可创建一张"目录"

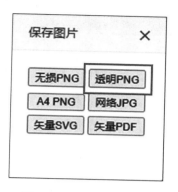

图 7-99　保存图片类型

版式幻灯片,如图 7-100 所示。

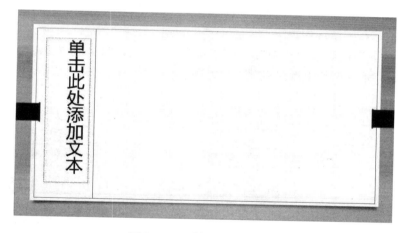

图 7-100　插入"目录"版式

(2) 录入"目录"字样并调整间距

在"单击此处添加文本"处添加"目录"字样,选择"居中",设置字符间距"加宽为 48 磅",如图 7-101 所示。添加"目录"字样后的效果如图 7-102 所示。

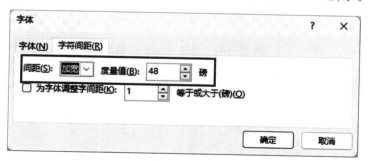

图 7-101　设置字符间距

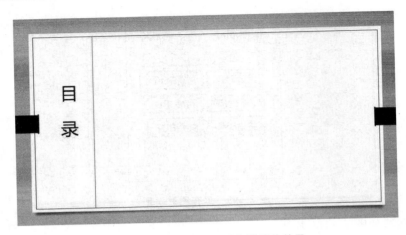

图 7 - 102　添加"目录"字样后的效果

（3）插入 SmartArt 图形

单击"插入"选项卡→"插图"组→"SmartArt"按钮，弹出"选择 SmartArt 图形"对话框，选择"垂直图片重点列表"图形，如图 7 - 103 所示。

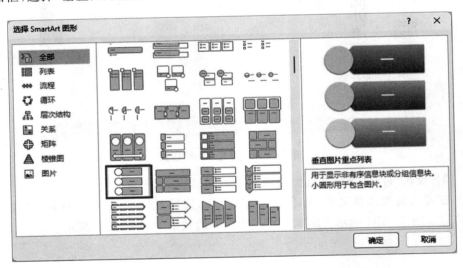

图 7 - 103　选择 SmartArt 图形

单击"确定"按钮后，建立如图 7 - 104 所示的图形。

在 SmartArt 图形左侧的"文本"窗格中添加和编辑内容，右侧的 SmartArt 图形会自动更新，即根据需要添加或删除形状。添加目录内容后的效果如图 7 - 105 所示。

此时，在"SmartArt 工具"下的"设计"选项卡上有两个用于快速更改 SmartArt

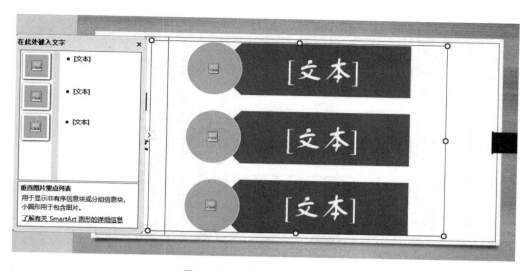

图 7 - 104 插入 SmartArt 图形

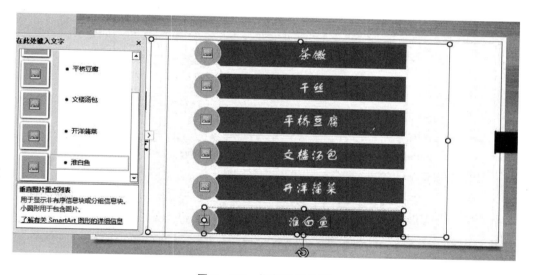

图 7 - 105 添加目录内容

图形外观的库——"SmartArt 样式"和"更改颜色"。选择"更改颜色"下拉列表中的个性色 6 "透明渐变范围",如图 7 - 106 所示。选择"SmartArt 样式"下拉列表中的三维"嵌入",如图 7 - 107 所示。

更改颜色及样式后的效果如图 7 - 108 所示。

单击左侧的图标,插入与该美食相对应的图片,即可得到如图 7 - 109 所示的目录页。

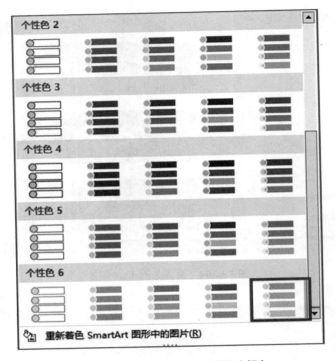

图 7 - 106 "SmartArt 工具"更改颜色

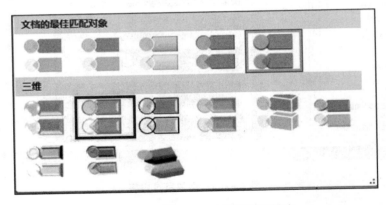

图 7 - 107 "SmartArt 工具"更改样式

6. 过渡页制作

(1) 插入图片

从网上下载一张与淮安相关的风景图片,插入页面中,插入后的效果如图 7 - 110 所示。

图 7-108 更改颜色及样式后的效果

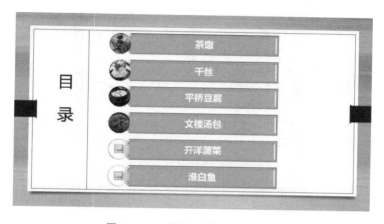

图 7-109 插入图片后的目录页

图 7-110 插入图片

（2）制作蒙版

蒙版，就像是给图片披上了一层半透明的"面纱"，轻轻覆盖在图片上，可以有效控制图像的显示区域。制作蒙板的方法如下：

① 插入一个"矩形"形状，大小与图片一样。

② 选中图片，右击，选择"设置形状格式"选项，弹出"设置形状格式"对话框，如图 7-111 所示。填充类型选择"渐变填充"，设置三个停止点。停止点 1 为浅灰色，深色 28%；停止点 2 为酸橙色，淡色 55%；停止点 3 为绿色，如图 7-112 所示。

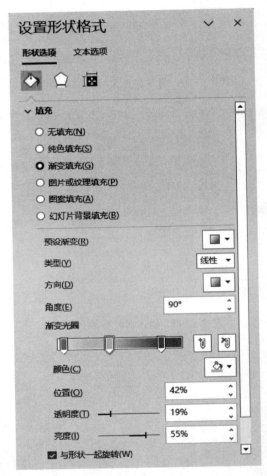

图 7-111　"设置形状格式"对话框

（3）添加文字内容

插入圆角矩形形状，输入"PART 1"，输入艺术字"茶徽"及拼音字母。过渡页效果如图 7-113 所示。

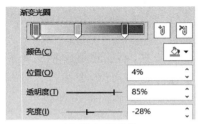

(a) 停止点1参数

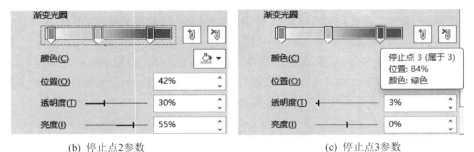

(b) 停止点2参数 　　　　　　　　(c) 停止点3参数

图 7 - 112　停止点参数设置

图 7 - 113　过渡页效果

> **总结：蒙版的作用**
>
> 蒙版可以有效地将文字与图片更好地结合，使文字更直观地展示出来，同时使页面更加美观大气。此外，渐变蒙版的使用不仅可以凸显文案、修复图片、聚焦主体，还能统一视觉效果，为演示文稿增添设计感和专业性。

7. 内容页制作

(1) 文本的设置

文字是幻灯片页面必不可少的信息,不能将文字随意堆积在幻灯片上。对于文字,该总结的要总结,该提炼的要提炼,该设计的要设计。这样才能让文字有条理地展示出来,不但能突出重点信息,也能优化版面的视觉效果。这里以第一张内容页幻灯片为例,示意总结、提炼、设计的方法。

① 文本容器选择。能够容纳文本的容器有两种:一种是占位符;另一种是文本框。如果通过版式方式创建幻灯片,且占位符恰好够用,则直接在占位符里输入文本;如果占位符中提供的文本占位符不满足用户需要,则单击"插入"选项卡→"文本"组→"文本框"下拉按钮→"绘制横板文本框"选项,鼠标呈下拉箭头↓式样,在文本区单击,拖动鼠标,直至到文本框范围结束为止,松开鼠标,绘制一个带有八个控点的空文本框,可以在里面输入或粘贴文本,如图 7 - 114 所示。

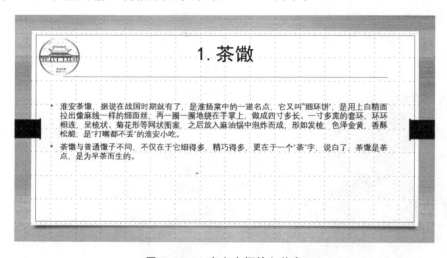

图 7 - 114　在文本框输入信息

> **知识扩展:文本框与占位符的区别**
>
> 在占位符中输入的文本可以通过母版控制它的文字格式,而文本框中的文本无法控制。

② 字体设置。如果通过占位符输入文本,则只需要在母版中统一设置标题及内容的格式。如果通过文本框输入文本,则首先选中要设置字体的文本;然后单击"开始"选项卡→"字体"组→"字体"下拉按钮,在下拉列表中选择"汉仪粗黑简"字体,单击"字号"下拉按钮,在下拉列表中选择 44 号字,将内容文本设置为"微软雅黑"字体、24 号。设置效果如图 7 - 115 所示。

③ 段落设置。单击"开始"→"段落"组右下角的"命令启动器"按钮,弹出"段落"

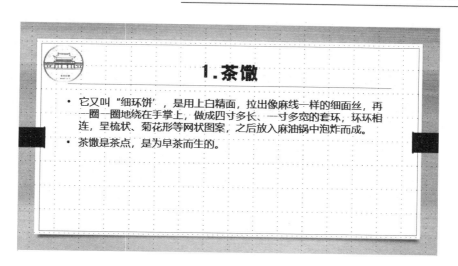

图 7-115　字体设置效果

对话框。设置对齐方式为"左对齐"、缩进"0.95 厘米"、段后间距"10 磅"、行距"固定值 34 磅",如图 7-116 所示。

图 7-116　段落设置

④ 设置文本框默认效果。选中设置好字体、段落的文本框,右击,弹出如图 7-117 所示的快捷菜单,选择"设置为默认文本框"选项,将此文本框的格式设置为默认的文本框格式。之后,在同一演示文稿中插入文本框后,默认的字体、字号及段落即为本文本框的格式。

⑤ 提炼、精简文本内容。通过概括、提炼,找到与原意相同的最简单的表达方式,是使幻灯片标题更有视觉冲击力的直接而有效的方法。将介绍茶馓的两段文字

按照别称、制作过程、适合分为三类，再加上简短的介绍，且将小标题和内容分别进行格式设置。

"·"是默认的项目符号和编号。单击"开始"选项卡→"段落"组→"项目符号"下拉按钮→"项目符号和编号"选项，弹出"项目符号和编号"对话框，如图 7-118 所示。单击"图片"按钮，选择插入图片的位置及文件，即完成插入选定的图片作为项目符号。为了显示效果，插入两张图片，如图 7-119 所示。

图 7-117 设置为默认文本框

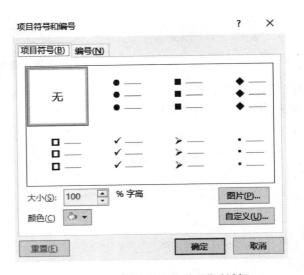

图 7-118 "项目符号和编号"对话框

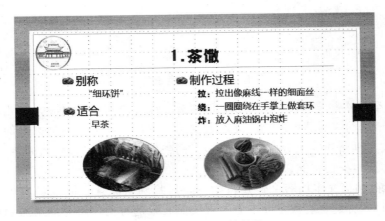

图 7-119 精简后的效果

（2）为文本设置图片填充效果

① 选择要设置图片填充效果的文字区域。

② 单击"形状格式"选项卡→"艺术字样式"组右下角的"命令启动器"按钮，弹出"设置形状格式"对话框，如图7-120所示。

③ 单击"文本填充与轮廓"按钮，在文本填充下拉菜单中选择"图片或纹理填充"选项，在图片源处单击"插入"按钮，选择插入图片的位置及文件名，如图7-121所示。

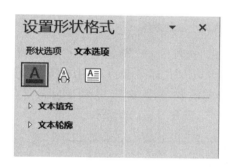

图7-120 "设置形状格式"对话框

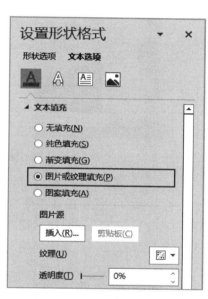

图7-121 "图片或纹理填充"步骤图

最终填充效果如图7-122所示。

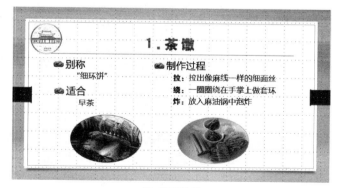

(a) 填充图片

(b) 填充效果

图7-122 设置标题文字填充效果

(3) 图片加工处理

① 修改图片大小。插入的图片往往过大,选中图片,并在"图片格式"选项卡→"大小"组中输入/调整高度、宽度的数值可改变图片大小,也可直接拖动图片边角的控点来改变图片大小。修改图片大小后的效果如图 7-123 所示。

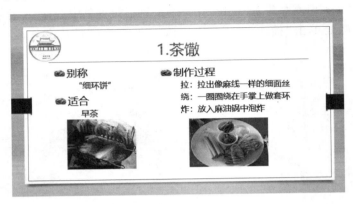

图 7-123　修改图片大小后的效果

② 删除背景。选中图片,单击"图片格式"选项卡→"调整"组→"删除背景"按钮,PPT 会自动识别并选中图片中的背景部分,使用"标记要保留的区域"画笔涂抹,需要保留的部分标记为⊕;使用"标记要删除的区域"画笔涂抹,需要删除的部分标记为⊖;单击"保留更改"按钮,完成删除背景操作,如图 7-124 所示。

图 7-124　图片删除背景操作

删除背景功能一般应用于背景较简单的图片中,以完成抠图操作。

③ 图片裁剪。选中图片,单击"图片格式"选项卡→"大小"组→"裁剪"下拉按钮→

"裁剪为形状"选项→"基本形状"中的"椭圆",完成图片裁剪。图片裁剪后的效果如图 7-125 所示。

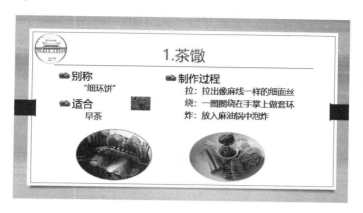

图 7-125 图片裁剪后的效果

至此,完成了演示文稿的封面页、目录页、过渡页、内容页的设计。结尾页的设计与封面页类似,在此不再赘述。

【思考问题】

文字、背景(模板)、图形等对象之间如何达到和谐配色?

【拓展实验】

按照本实验的步骤,制作个人简历演示文稿。

参考文献

［1］swsc. 后摩尔定律时代 未来 CPU 处理器技术发展趋势［EB/OL］. (2022-04-20). https://www.elecfans.com/d/1823347.html.

［2］菜鸟-传奇. 什么是"双活"［EB/OL］. https://www.cnblogs.com/cainiao-chuanqi/p/11839078.html.

［3］咕噜. 备份技术简述［EB/OL］. (2021-11-19). https://zhuanlan.zhihu.com/p/434742179.

［4］小白系统官网. 系统备份 ghost 方法步骤［EB/OL］. (2022-05-22). http://www.xiaobaixitong.com/jiaocheng/51971.html.

［5］徐小龙. 现代操作系统教程［M］.北京:人民邮电出版社,2022.

［6］谢希仁. 计算机网络［M］.8 版.北京:电子工业出版社,2021.

［7］赵子江. 多媒体技术应用教程［M］.7 版.北京:机械工业出版社,2018.

［8］秋叶. 和秋叶一起学 PPT［M］.3 版.北京:人民邮电出版社,2017.

［9］熊王. PPT 影响力:逻辑思维设计技法演讲表达［M］.北京:清华大学出版社,2023.